TECNOLOGÍA ELÉCTRICA

MANUAL DE PRÁCTICAS DE LABORATORIO

TECNOLOGÍA ELÉCTRICA

MANUAL DE PRÁCTICAS DE LABORATORIO

Alfonso Bachiller Soler

Pedro José Martínez Lacañina

Ramón Cano González

Juan Carlos del Pino López

Mª Dolores Borrás Talavera

Departamento de Ingeniería Eléctrica
Universidad de Sevilla

Garceta
grupo editorial

TECNOLOGÍA ELÉCTRICA. Manual de Prácticas de Laboratorio

Alfonso Bachiller Soler, Pedro José Martínez Lacañina, Ramón Cano González, Juan Carlos del Pino López, Mª Dolores Borrás Talavera

ISBN: 978-84-9281-295-0

IBERGARCETA PUBLICACIONES, S.L., Madrid, 2012

Edición: 2ª

Nº de páginas: 114

Formato: 17 × 24 cm.

Materia CDU: 621.3 Ingeniería eléctrica. Electrotecnia.

info@garceta.es

COPYRIGHT © 2012 IBERGARCETA PUBLICACIONES, S.L.

© Alfonso Bachiller Soler, Pedro José Martínez Lacañina, Ramón Cano González,
   Juan Carlos del Pino López, Mª Dolores Borrás Talavera

TECNOLOGÍA ELÉCTRICA. Manual de Prácticas de Laboratorio
ISBN: **978-84-9281-295-0**
Edición 1ª.
Impresión 2ª.
Depósito legal: M-34996-2011
Impresión: Print House, marca registrada de Coplar, S.A.

OI: 115/2023

IMPRESO EN ESPAÑA-PRINTED IN SPAIN

ÍNDICE GENERAL

PRÓLOGO

La aparición de un libro técnico siempre es motivo de alegría, pues éste siempre surge del esfuerzo de un grupo de docentes que vuelcan en él su quehacer diario y su experiencia. Además, este esfuerzo es desinteresado pues nadie que publica un libro de esta índole espera hacerse rico, sólo que, alguna vez, algún alumno exprese su agradecimiento. En este sentido, viendo la calidad del texto, seguro que más de un alumno y profesor agradecerán este texto. Este libro, Manual de Prácticas de Laboratorio, va a cubrir un hueco importante en la formación técnica de los Grados en Ingeniería, al ser la tecnología eléctrica una asignatura común a todos ellos. El libro está perfectamente estructurado en siete capítulos que abarcan desde la descripción de los equipos existentes en laboratorio hasta como realizar los ensayos necesarios para la obtención del circuito equivalente del motor de inducción.

No obstante, conviene destacar que el libro no es una mera descripción de cómo realizar las prácticas de laboratorio, que es lo que podía inducir el título de la obra. Este libro va más allá, pues antes de la realización de cada actividad se detalla de manera clara y precisa que es lo que se busca con la realización de cada práctica y cuáles son los fundamentos teóricos de la misma. Además, al final de cada actividad, se proponen una serie de cuestiones que permitirán reforzar y asentar los conocimientos adquiridos.

En resumen, estoy seguro que este libro ayudará a los alumnos a comprender mejor algunos conceptos tan importantes en el mundo industrial como son los beneficios de la compensación de la potencia reactiva, el funcionamiento de las máquinas eléctricas, etc. En definitiva, comprender mejor todo lo relacionado con la electricidad.

Jesús Manuel Riquelme Santos
Catedrático de Ingeniería Eléctrica
Universidad de Sevilla

PRÁCTICA 0

INTRODUCCIÓN AL LABORATORIO

Contenido

0.1. OBJETIVOS

- Familiarizarse con el laboratorio y con los equipos existentes en él.

- Conocer las características y funcionalidades básicas de los equipos.

0.2. FUENTE DE ALIMENTACIÓN

En la figura 0.1 se muestra la fuente de alimentación empleada en cada una de las prácticas de este manual. Consta de una serie de salidas trifásicas así como de corriente continua. A su vez, la tensión de dichas salidas puede ser fija o variable dentro de un rango.

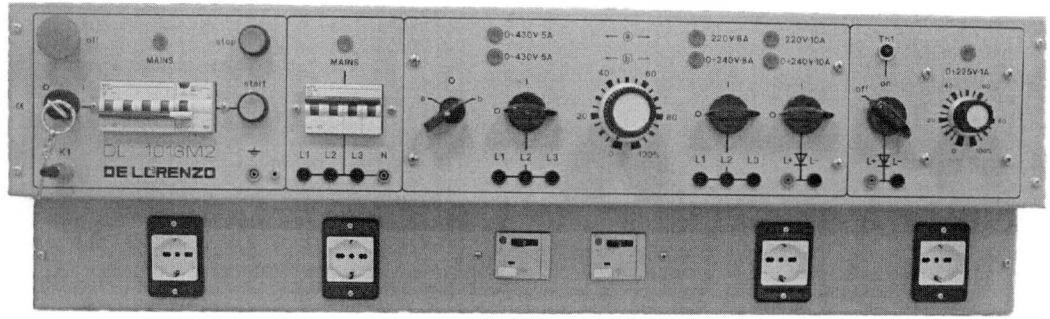

Figura 0.1: Fuente de alimentación.

Las características de cada una de las salidas de la fuente de alimentación son las siguientes:

1. Tensión trifásica fija de red + N (neutro) y una intensidad máxima de 16 A.

2. Tensión trifásica variable de 0 a 430 V + N y una intensidad máxima de 5 A.

3. Tensión trifásica variable de 0 a 240 V y una intensidad máxima de 8 A.

4. Tensión trifásica fija de 220 V y una intensidad máxima de 8 A.

5. Tensión rectificada variable de 0 a 240 V con doble puente trifásico y una intensidad máxima de 10 A.

6. Tensión rectificada fija de 220 V con doble puente trifásico y una intensidad máxima de 10 A.

7. Tensión rectificada variable de 0 a 225 V y una intensidad máxima de 1 A.

A continuación, se describe la disposición de mandos, de salidas y de las señalizaciones. Para una mejor visualización, esta descripción se ha hecho dividiendo la fuente en tres partes.

En la figura 0.2 se puede ver el interruptor general magnetotérmico diferencial J1, el pulsador de emergencia Pe1 y el interruptor accionado por llave Ch1, los cuales garantizan la seguridad del operador de la fuente. Asimismo se han señalado los pulsadores de marcha (Pm1) y paro (Pa1), cuya misión es permitir o no el paso de corriente hacia cada una de las salidas de la fuente. En esta misma figura se muestra la salida directa de red, la cual se encuentra protegida por el interruptor magnetotérmico J5. Esta salida no se encuentra regulada. Las lámparas testigo L1 y L2 indican, respectivamente, presencia de tensión en la entrada de la fuente y en la salida de red.

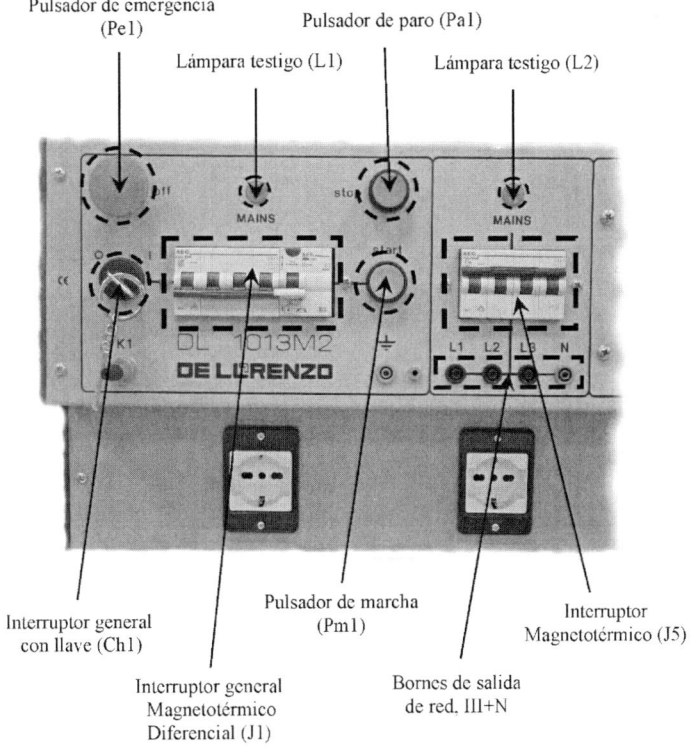

Figura 0.2: Fuente de alimentación. Parte I.

En la figura 0.3 se observa el selector de tensiones, el cual dispone de tres posiciones: "a", "0"y "b". Este selector permite fijar el tipo de tensión (fija ó variable) que se obtendrá en cada una de las salidas mostradas en la figura 0.3. La primera de ellas corresponde a una salida trifásica variable de 0 a 430 V la cual se habilita mediante el interruptor J6 y se controla mediante el regulador VAR1. La segunda corresponde a una salida trifásica que puede ser fija a una tensión de 220 V o variable entre 0 y 240 V. Esta salida se habilita mediante el interruptor J8 y en el caso de que sea variable se controla mediante el regulador VAR1. Por último, la tercera de las salidas que aparece en la figura 0.3 corresponde a una salida de corriente continua que puede ser fija a una tensión de 220 V o variable entre 0 y 240 V. Esta salida se acciona mediante el interruptor J7 y, en el caso de que sea variable, se controla mediante el regulador VAR1.

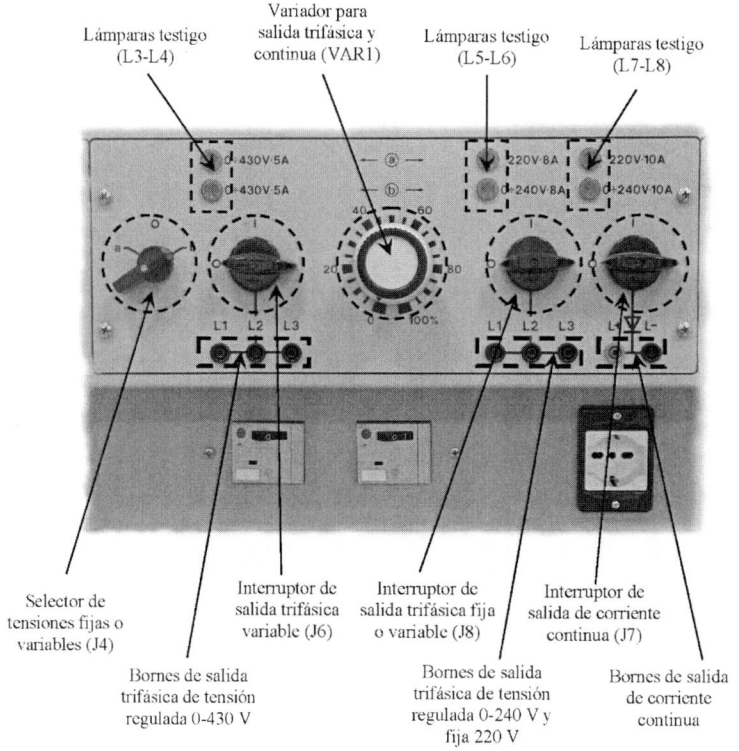

Figura 0.3: Fuente de alimentación. Parte II.

En la parte III de la fuente (figura 0.4), se muestra la salida en corriente continua cuya tensión se puede variar entre 0 y 225 V. Se acciona mediante el interruptor J9 y se controla mediante el variador VAR2. Es una salida que proporciona una intensidad máxima de 1 A y que esta destinada fundamentalmente a alimentar los devanados de excitación tanto de las máquinas de corriente continua como los de las máquinas síncronas de corriente alterna.

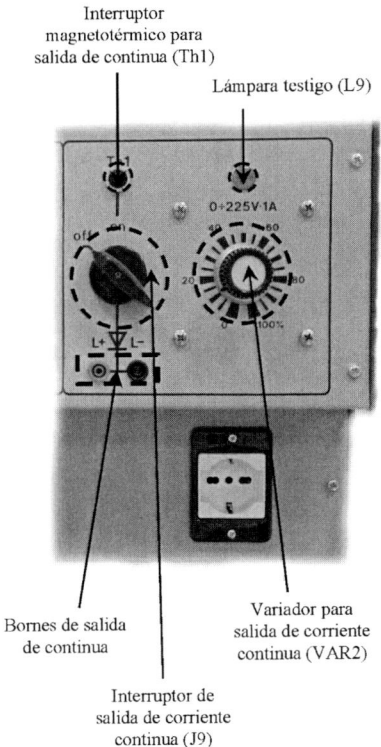

Interruptor
magnetotérmico para
salida de continua (Th1)

Lámpara testigo (L9)

Bornes de salida
de continua

Variador para
salida de corriente
continua (VAR2)

Interruptor de
salida de corriente
continua (J9)

Figura 0.4: Fuente de alimentación. Parte III.

0.2.1 MODALIDAD DE EMPLEO

Para el suministro de energía eléctrica a cada una de las salidas disponibles es necesario en primer lugar girar el interruptor de llave Ch1 hasta la posición "1"y cerrar el interruptor automático J1, encendiéndose la lámpara L1. Además, se accionará el pulsador de marcha Pm1. En este momento se encenderá la lámpara L2.

A continuación, se describen las maniobras necesarias para obtener las tensiones deseadas en cada una de las salidas que dispone la fuente.

1. Salida fija trifásica de red + N / 16 A.

   Para disponer de esta salida solo es necesario cerrar el interruptor J5 (figura 0.2), de esta forma los bornes L1, L2, L3 y N quedarán alimentados directamente desde la red.

2. Salida trifásica variable de 0 a 430 V / 5 A.

   Poner el selector J4 en la posición "a"o"b"indistintamente (ver figura 0.3), y cerrar el interruptor J6. En los bornes L1, L2 y L3 de esta salida aparecerá una tensión trifásica cuya variación se efectuará mediante el variador VAR1. El neutro de esta salida es el correspondiente a la salida trifásica de red, que se ha descrito anteriormente. En este último caso, para disponer del neutro hay que tener la precaución de accionar el interruptor J5.

3. Salida trifásica variable de 0 a 240 V / 8 A.

   Poner el selector J4 en la posición "b"(ver figura 0.3) y cerrar el interruptor J8. En los bornes L1, L2 y L3 de esta salida aparecerá una tensión trifásica cuya variación se efectuará nuevamente mediante el variador VAR1.

4. Salida trifásica fija de 220 V / 8 A.

   Poner el selector J4 en la posición "a"(ver figura 0.3) y cerrar el interruptor J8. En los bornes L1, L2 y L3 de esta salida aparecerá la tensión trifásica de 220 V.

5. Salida de corriente continua variable de 0 a 240 V / 10 A.

   Poner el selector J4 en la posición "b"(ver figura 0.3) y cerrar el interruptor J7. En los bornes L+ y L- de esta salida aparecerá una tensión continua cuya variación se efectuará nuevamente mediante el variador VAR1.

6. Salida de corriente continua fija de 220 V / 10 A.

   Poner el selector J4 en la posición "a"(ver figura 0.3) y cerrar el interruptor J7. En los bornes L+ y L- de esta salida aparecerá una tensión continua de 220 V.

7. Salida de corriente continua variable de 0 a 225 V / 1 A.

   Esta salida está especialmente dedicada para alimentar a los devanados de excitación de las máquinas de corriente continua y de las máquinas de corriente alterna síncronas. Para disponer de esta salida es necesario poner el interruptor J9 en la posición "on". En los bornes L+ y L- de esta salida aparecerá una tensión continua cuya variación se efectuará mediante el variador VAR2.

0.3. CARGAS VARIABLES

En la figura 0.5 se muestra el panel frontal del módulo de cargas variables disponible en el laboratorio. En dicho panel se encuentran todos los mandos, los bornes de conexión y el sinóptico de cada uno de los elementos.

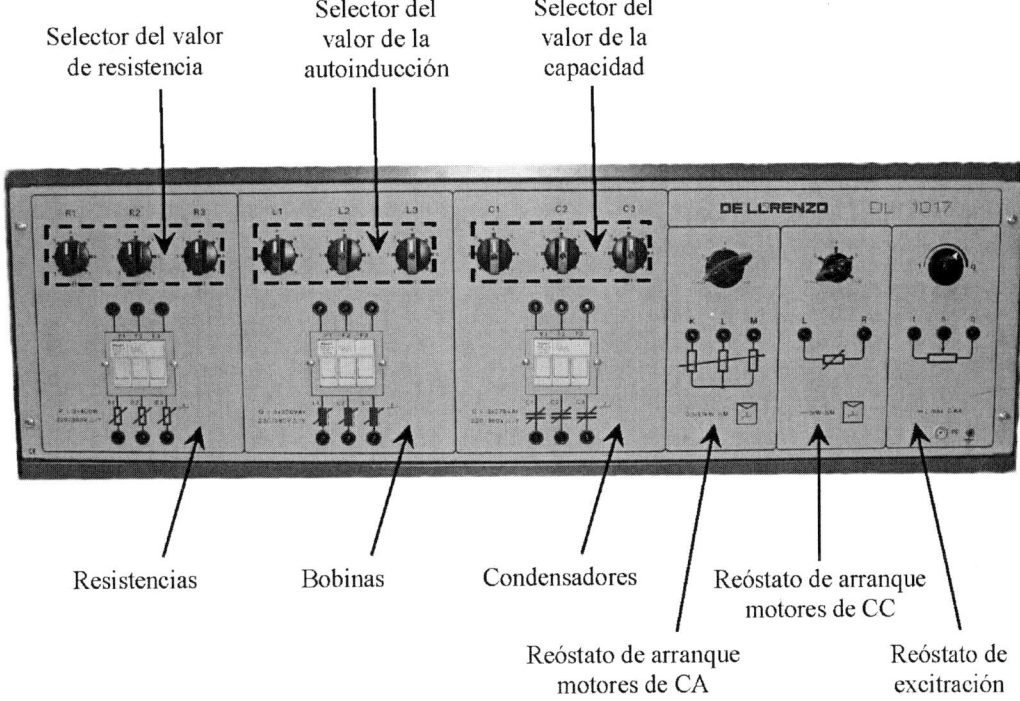

Figura 0.5: Conjunto de cargas variables.

El módulo de cargas variables está dividido en 6 secciones, tal y como se muestra en la figura 0.5:

1. Carga resistiva.

2. Carga inductiva.

3. Carga capacitiva.

4. Reóstato de arranque para motores de corriente alterna.

5. Reóstato de arranque para motores de corriente continua.

6. Reóstato de excitación.

Las secciones 1, 2 y 3 se encuentran protegidas, respectivamente, mediante 3 fusibles. A continuación, se describen las características eléctricas de cada una de las secciones.

0.3.1 CARGA RESISTIVA

Esta sección (ver figura 0.5) está compuesta por tres grupos de resistencias cuyos valores se pueden variar de forma independiente a través del correspondiente selector.

Para cada posición del selector, el valor de cada resistencia así como su tensión máxima, intensidad máxima y potencia máxima se muestran en la tabla 0.1.

Posición selector	Resistencia (Ω)	U_{max} (V/fase)	I_{max} (A/fase)	P_{max} (W/fase)
1	1 050	220	0,21	46
2	750	220	0,30	65
3	435	220	0,50	110
4	300	220	0,73	160
5	213	220	1,05	230
6	150	220	1,50	330
7	123	220	1,82	400

Tabla 0.1: Valores eléctricos de la carga resistiva en función de la posición del selector.

Con estos tres grupos de resistencias se pueden obtener numerosas configuraciones, entre las cuales cabe destacar la conexión en estrella, conexión en triángulo, conexión en serie y la conexión en paralelo. Es importante advertir que antes de realizar cualquier conexión es necesario determinar, con objeto de no dañar el equipo, si se superan los valores máximos expresados en la tabla 0.1.

0.3.2 CARGA INDUCTIVA

Esta sección (ver figura 0.5) está compuesta por tres grupos de bobinas cuyos coeficientes de autoinducción se pueden variar de forma independiente a través del correspondiente selector.

Para cada posición del selector, el valor del coeficiente de autoinducción de cada bobina así como su tensión máxima, intensidad máxima y potencia máxima se muestran en la tabla 0.2.

Al igual que en el caso de las resistencias, con estos tres grupos de bobinas se pueden obtener numerosas configuraciones, entre las cuales cabe destacar la conexión en estrella, conexión en triángulo, conexión en serie y la conexión en paralelo.

Posición selector	Autoinducción (H)	X_L (50 Hz) (Ω)	U_{max} (V/fase)	I_{max} (A/fase)	Q_{max} (var/fase)
1	4,46	1 401	220	0,15	34
2	3,19	1 002	220	0,22	48
3	1,84	578	220	0,38	83
4	1,27	399	220	0,55	121
5	0,90	283	220	0,78	171
6	0,64	201	220	1,10	242
7	0,52	163	220	1,36	300

Tabla 0.2: Valores eléctricos de la carga inductiva en función de la posición del selector.

Igualmente, es importante advertir que antes de realizar cualquier conexión es necesario determinar, con objeto de no dañar el equipo, si se superan los valores máximos expresados en la tabla 0.2.

0.3.3 CARGA CAPACITIVA

Esta sección (ver figura 0.5) está compuesta por tres grupos de condensadores cuyas capacidades se pueden variar de forma independiente a través del correspondiente selector.

Para cada posición del selector, el valor de la capacidad de cada condensador así como su tensión máxima, intensidad máxima y potencia máxima se muestran en la tabla 0.3.

Posición selector	Capacidad (μF)	X_C (50 Hz) (Ω)	U_{max} (V/fase)	I_{max} (A/fase)	Q_{max} (var/fase)
1	2	1 592	220	0,14	30
2	3	1 061	220	0,20	45
3	5	637	220	0,35	76
4	8	398	220	0,55	121
5	10	318	220	0,69	152
6	13	244	220	0,90	197
7	18	177	220	1,24	273

Tabla 0.3: Valores eléctricos de la carga capacitiva en función de la posición del selector.

Al igual que los dos casos anteriores, con estos tres grupos de condensadores se pueden obtener numerosas configuraciones, entre las cuales cabe destacar la conexión en estrella, conexión en triángulo, conexión en serie y la conexión en paralelo.

Igualmente, es importante advertir que antes de realizar cualquier conexión es necesario determinar, con objeto de no dañar el equipo, si se superan los valores máximos expresados en la tabla 0.3.

0.3.4 CONEXIONES DE LAS CARGAS

En la figura 0.6 se muestra la forma de conectar los 6 terminales de los tres grupos de resistencias o los tres de bobinas o los tres de condensadores para obtener cada una de las configuraciones citadas anteriormente (estrella, triángulo, serie y paralelo).

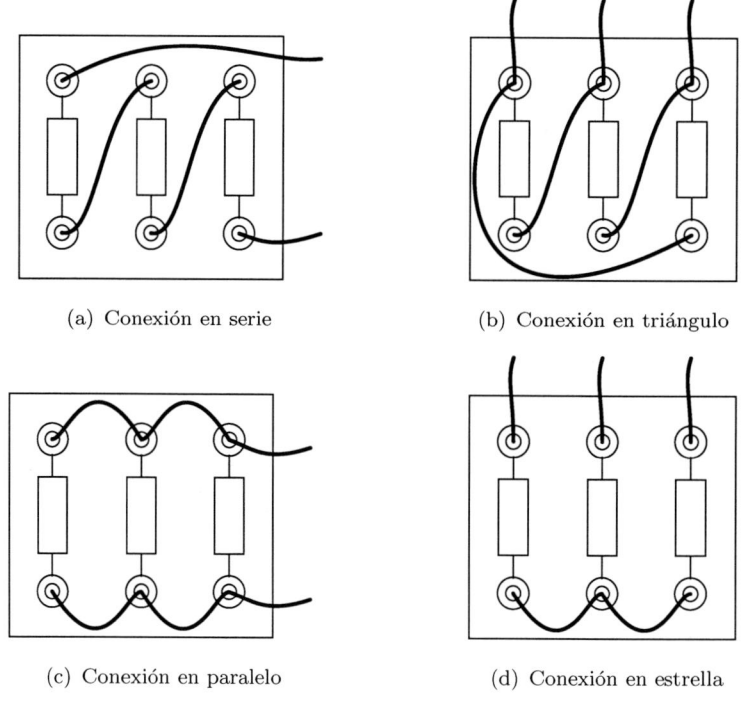

(a) Conexión en serie   (b) Conexión en triángulo

(c) Conexión en paralelo   (d) Conexión en estrella

Figura 0.6: Esquema de conexionado de las cargas.

0.3.5 REÓSTATO DE ARRANQUE PARA MOTORES DE CORRIENTE ALTERNA

Este reóstato se utiliza para el arranque de los motores asíncronos trifásicos de rotor bobinado de potencia 1,1 kW y tensión rotórica 380/400 V.

El reóstato se conecta directamente a los tres bornes del arrollamiento rotórico del motor.

0.3.6 Reóstato de arranque para motores de corriente continua

Este reóstato se utiliza para el arranque de los motores de corriente continua de potencia 1,1 kW y tensión de alimentación 220 V. El reóstato deberá ser conectado en serie con el devanado inducido (estátor) del motor.

0.3.7 Reóstato de excitación

Este reóstato se utiliza para la excitación de las máquinas de corriente continua, excitación independiente o derivación, y los generadores de corriente alterna. La resistencia del reóstato es de 300 Ω y la intensidad máxima de 0,6 A.

PRÁCTICA 1

CIRCUITOS DE CORRIENTE CONTINUA

Contenido

1.1. Objetivos

- Conocer los equipos necesarios para la medida de tensiones e intensidades en corriente continua.

- Aplicación práctica de los conceptos de divisor de tensión y divisor de intensidad.

- Obtención de forma experimental del circuito equivalente de un circuito de corriente continua lineal y activo.

1.2. Fundamentos teóricos

1.2.1 Divisor de tensión

Un conjunto de resistencias R_1, R_2, ..., R_n están conectadas en serie cuando son recorridas por la misma intensidad, tal y como se muestra en la figura 1.1.

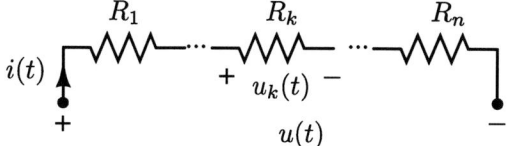

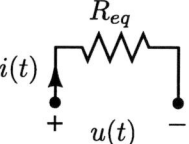

Figura 1.1: Resistencias conectadas en serie.   **Figura 1.2:** Resistencia equivalente.

En estas condiciones, el conjunto de las resistencias equivale a otra resistencia, R_{eq} (figura 1.2), cuyo valor es el siguiente:

$$R_{eq} = \sum_{j=1}^{n} R_j \tag{1.1}$$

En relación con la conexión serie de resistencias, aparece el concepto de divisor de tensión, a partir del cual se puede determinar la tensión en una de las resistencias conocida la tensión total $u(t)$:

$$u_k(t) = R_k \cdot i(t) = R_k \cdot \frac{u(t)}{R_{eq}} \quad \Rightarrow \quad u_k(t) = \frac{R_k}{\sum_{j=1}^{n} R_j} \cdot u(t) \tag{1.2}$$

1.2.2 DIVISOR DE INTENSIDAD

Un conjunto de resistencias R_1, R_2, ..., R_n están conectadas en paralelo cuando están sometidas a la misma tensión, tal y como se muestra en la figura 1.3.

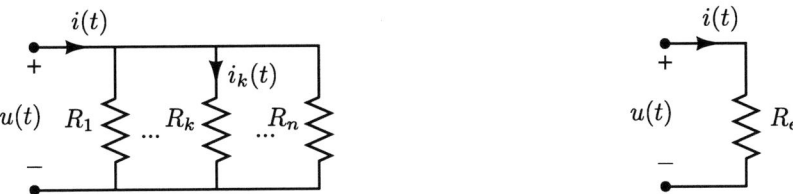

Figura 1.3: Resistencias conectadas en paralelo.   **Figura 1.4:** Resistencia equivalente.

En estas condiciones, el conjunto de las resistencias equivale a otra resistencia, R_{eq} (figura 1.4), cuyo valor es el siguiente:

$$\frac{1}{R_{eq}} = \sum_{j=1}^{n} \frac{1}{R_j} \tag{1.3}$$

En relación con la conexión paralelo de resistencias aparece el concepto de divisor de intensidad, a partir del cual se puede determinar la intensidad en una de las resistencias conocida la intensidad total $i(t)$:

$$i_k(t) = \frac{1}{R_k} \cdot u(t) = \frac{R_{eq}}{R_k} \cdot i(t) = \frac{G_k}{G_{eq}} \cdot i(t) \quad \Rightarrow \quad i_k(t) = \frac{G_k}{\sum_{j=1}^{n} G_j} \cdot i(t) \tag{1.4}$$

1.2.3 Circuito equivalente

Todo circuito activo, resistivo y lineal monopuerta equivale a una fuente real de tensión o de intensidad. En el caso que se utilice una fuente real de tensión se obtiene el denominado circuito equivalente Thevenin, mostrado en la figura 1.5, donde U_{th} y R_{th} son, respectivamente, la tensión y la resistencia Thevenin.

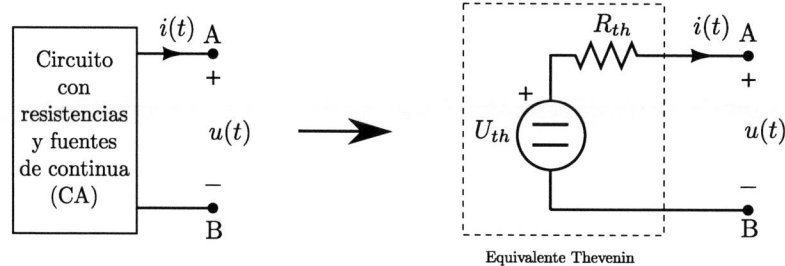

Figura 1.5: Circuito equivalente Thevenin.

En el caso que se utilice una fuente real de intensidad se obtiene el denominado circuito equivalente Norton, mostrado en la figura 1.6, donde donde I_{nor} y R_{nor} son, respectivamente, la intensidad y la resistencia Norton.

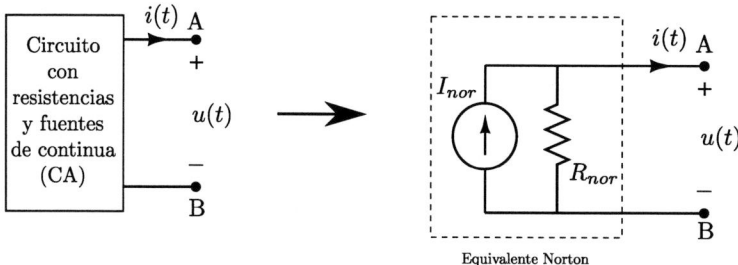

Figura 1.6: Circuito equivalente Norton.

Cálculo de la Tensión Thevenin e Intensidad Norton

La tensión Thevenin es la que resulta entre los terminales A y B cuando estos se dejan en circuito abierto,

$$U_{th} = u_{ca}|_{AB} \tag{1.5}$$

y se obtiene resolviendo el circuito mostrado en la figura 1.7.

La intensidad Norton es la que resulta de cortocircuitar los terminales A y B,

$$I_{nor} = i_{cc}|_{AB} \tag{1.6}$$

y se obtiene resolviendo el circuito mostrado en la figura 1.8.

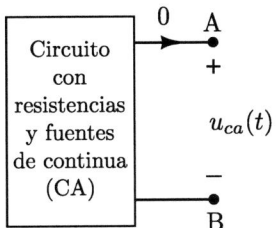
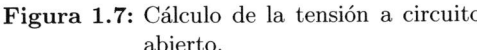

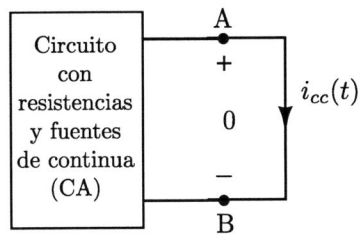

Figura 1.7: Cálculo de la tensión a circuito abierto.

Figura 1.8: Cálculo de la intensidad de cortocircuito.

CÁLCULO DE LA RESISTENCIA EQUIVALENTE

Atendiendo a la equivalencia de fuentes reales, las resistencias Thevenin y Norton son iguales, $R_{th}=R_{nor}$, y se corresponden con la resistencia equivalente desde los terminales A y B:

$$R_{th} = R_{nor} = R_{eq}|_{AB} \qquad (1.7)$$

Para obtener dicha resistencia equivalente se puede optar por uno de los procedimientos siguientes:

- **1ª forma**: A partir de u_{ca} y i_{cc}:

$$R_{eq} = \frac{u_{ca}}{i_{cc}} \qquad (1.8)$$

- **2ª forma**: Conectando al circuito pasivo una fuente de prueba externa. Así:

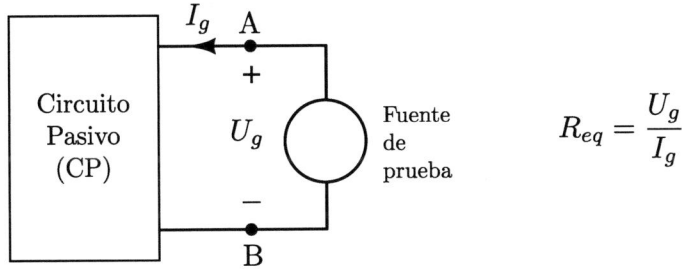

Figura 1.9: Conexión de fuente de prueba.

- **3ª forma**: Asociación de resistencias del circuito pasivo.

El **circuito pasivo** se obtiene anulando las fuentes independientes del circuito activo original. Las fuentes de tensión se sustituyen por un cortocircuito y las de intensidad por un circuito abierto.

1.3. ACTIVIDAD 1: DIVISOR DE TENSIÓN

El objetivo de esta actividad es aplicar experimentalmente el concepto de divisor de tensión en un circuito de corriente continua.

1.3.1 EQUIPOS NECESARIOS

1. Fuente de tensión de corriente continua de 50 V.

2. Cargas resistivas.

3. Equipos de medida: voltímetros.

4. Cable de conexionado.

1.3.2 REALIZACIÓN

1. Realizar el montaje especificado en la figura 1.10 cuyo esquema de conexionado es el que aparece representado en la figura 1.11.

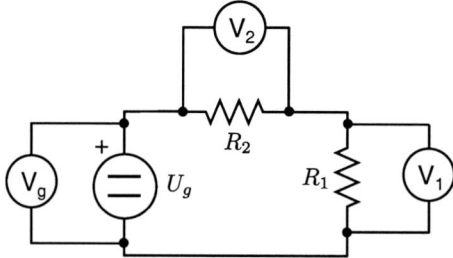

Figura 1.10: Montaje de la Actividad 1. Divisor de tensión.

2. Fijar las siguientes posiciones en los selectores de las resistencias variables:

   - R_1 en la posición 4.
   - R_2 en la posición 6

   Según la Tabla 0.1 de la práctica 0, estas posiciones corresponden a unos valores de resistencias de $R_1 = 300\,\Omega$ y $R_2 = 150\,\Omega$.

3. Medir los valores de tensión con los voltímetros V_g, V_1 y V_2. Anotarlos en la tabla 1.1.

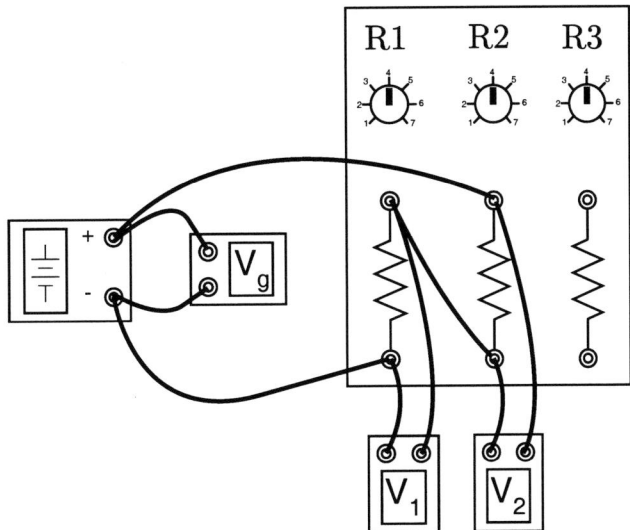

Figura 1.11: Esquema de conexionado de la Actividad 1. Divisor de tensión.

U_g (V)	U_{R1} (V)	U_{R2} (V)

Tabla 1.1: Actividad 1: Divisor de tensión. Lecturas obtenidas.

1.3.3 CUESTIONES

1. Usando la expresión del divisor de tensión (1.2) y la tensión U_g obtenida experimentalmente, calcular las tensiones en las resistencias R_1 y R_2. Anotar en la tabla 1.2 los resultados obtenidos y compararlos con las medidas experimentales de la tabla 1.1.

$U_{R1})_{\text{teor.}}$ (V)	$U_{R2})_{\text{teor.}}$ (V)

Tabla 1.2: Actividad 1: Divisor de tensión. Resultados.

1.4. ACTIVIDAD 2: DIVISOR DE INTENSIDAD

El objetivo de esta actividad es aplicar experimentalmente el concepto de divisor de intensidad en un circuito de corriente continua.

1.4.1 EQUIPOS NECESARIOS

1. Fuente de tensión de corriente continua de 50 V.

2. Cargas resistivas.

3. Equipos de medida: amperímetros y voltímetro.

4. Cable de conexionado.

1.4.2 REALIZACIÓN

1. Realizar el montaje especificado en la figura 1.12 cuyo esquema de conexionado es el que aparece representado en la figura 1.13.

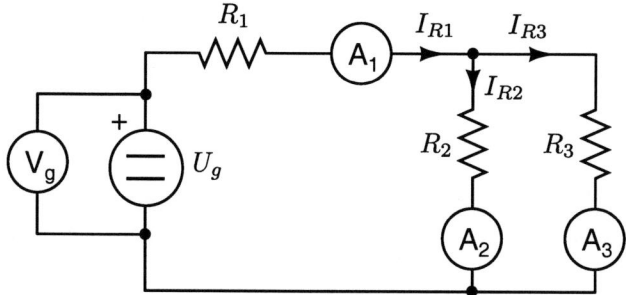

Figura 1.12: Montaje de la Actividad 2. Divisor de intensidad.

2. Fijar las siguientes posiciones en los selectores de las resistencias variables:

   - R_1 en la posición 7.
   - R_2 en la posición 6.
   - R_3 en la posición 4.

   Según la tabla 0.1 de la práctica 0, estas posiciones corresponden a unos valores de resistencias de $R_1=123\,\Omega$, $R_2=150\,\Omega$ y $R_3=300\,\Omega$.

3. Medir los valores de intensidad con los amperímetros A_1, A_2 y A_3. Anotarlos en la tabla 1.3.

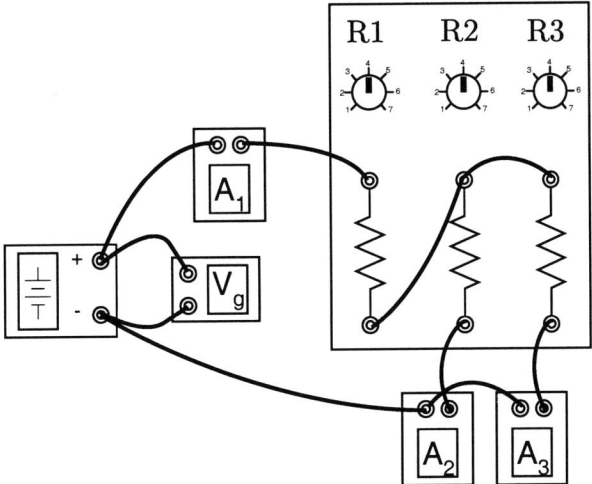

Figura 1.13: Esquema de conexionado de la Actividad 2: Divisor de intensidad.

I_{R1} (A)	I_{R2} (A)	I_{R3} (A)

Tabla 1.3: Actividad 2: Divisor de intensidad. Lecturas obtenidas.

1.4.3 CUESTIONES

1. Usando la expresión del divisor de intensidad (1.4) y la intensidad I_{R1} medida experimentalmente, calcular las intensidades en las resistencias R_2 y R_3. Anotar en la tabla 1.4 los resultados obtenidos y compararlos con las medidas experimentales de la tabla 1.3.

$I_{R2})_{\text{teor.}}$ (A)	$I_{R3})_{\text{teor.}}$ (A)

Tabla 1.4: Actividad 2: Divisor de intensidad. Resultados.

1.5. Actividad 3: Circuito equivalente Thevenin y Norton

Esta actividad tiene dos objetivos: el primero es obtener experimentalmente los parámetros que definen el equivalente Thevenin y Norton de un circuito de corriente continua, y el segundo, mostrar como se utilizan dichos parámetros.

1.5.1 Equipos necesarios

1. Fuente de tensión de corriente continua de 50 V.

2. Cargas resistivas.

3. Equipos de medida: amperímetro, voltímetro y óhmetro.

4. Cable de conexionado.

1.5.2 Realización

Primera Parte

1. Realizar el montaje especificado en la figura 1.14 con los terminales A y B accesibles, cuyo esquema de conexionado es el que aparece representado en la figura 1.15.

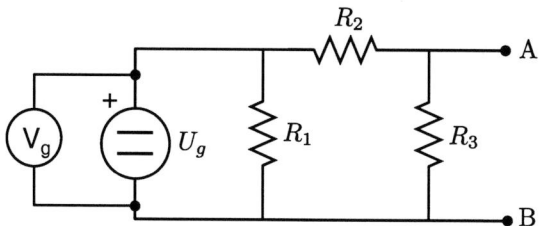

Figura 1.14: Montaje de la Actividad 3. Primera Parte.

2. Fijar las siguientes posiciones en los selectores de las resistencias variables:

   - R_1 en la posición 7.
   - R_2 en la posición 6.
   - R_3 en la posición 4.

   Según la Tabla 0.1 de la práctica 0, estas posiciones corresponden a unos valores de resistencias de R_1=123 Ω, R_2=150 Ω y R_3=300 Ω.

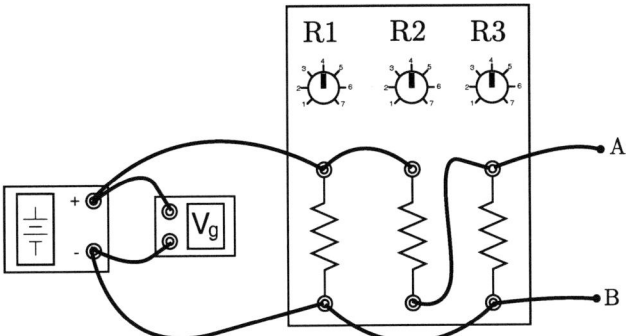

Figura 1.15: Esquema de conexionado de la Actividad 3. Primera Parte.

3. Medir la tensión a circuito abierto, u_{ca}, conectando un voltímetro entre los terminales A y B como indica la figura 1.16. Anotar los valores en la tabla 1.5.

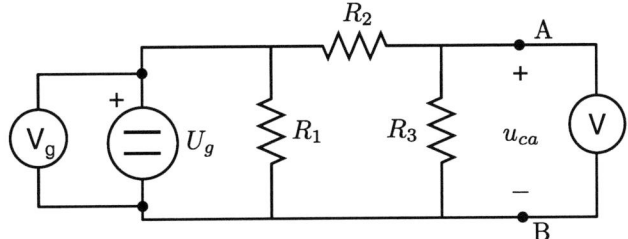

Figura 1.16: Montaje de la Actividad 3. Tensión a circuito abierto.

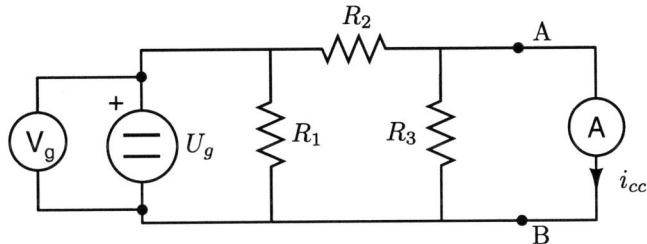

Figura 1.17: Montaje de la Actividad 3. Intensidad de cortocircuito.

4. Medir la intensidad de cortocircuito, i_{cc}, conectando un amperímetro entre los terminales A y B como indica la figura 1.17. Anotar los valores en la tabla 1.5.

5. Medir la resistencia equivalente, R_{eq}, conectando un óhmetro[1] entre los terminales A y B del circuito pasivo tal y como indica la figura 1.18, donde la

---

[1]Hay que asegurarse de que la fuente de tensión está desconectada.

fuente de tensión se ha sustituido por un cortocircuito. Anotar los valores en la tabla 1.5.

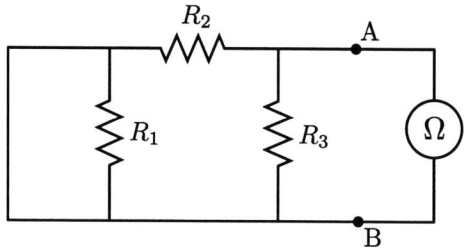

Figura 1.18: Montaje de la Actividad 3. Resistencia equivalente.

u_{ca} (V)	i_{cc} (A)	R_{eq} (Ω)

Tabla 1.5: Actividad 3. Primera Parte. Lecturas obtenidas.

SEGUNDA PARTE

1. Realizar el montaje especificado en la figura 1.19, donde las resistencias R_1, R_2 y R_3 tienen el mismo valor que en la primera parte de la actividad. La resistencia R_x se proporcionará durante el desarrollo de la práctica.

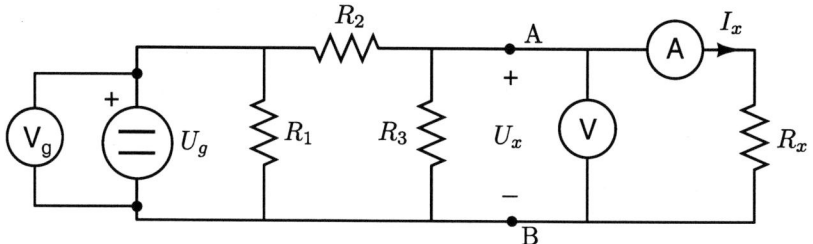

Figura 1.19: Montaje de la Actividad 3. Segunda Parte.

2. Medir la resistencia R_x usando el óhmetro. Anotar el valor en la tabla 1.6.

3. Medir la tensión y la intensidad. Anotar los valores en la tabla 1.6.

R_x (Ω)	U_x (V)	I_x (A)

Tabla 1.6: Actividad 3. Segunda Parte. Lecturas obtenidas.

1.5.3 CUESTIONES

1. Calcular teóricamente los parámetros que definen el equivalente Thevenin y Norton del circuito de la figura 1.14. Anotar los valores en la tabla 1.7. Comparar estos valores con los obtenidos experimentalmente (tabla 1.5).

u_{ca})teor. (V)	i_{cc})teor. (A)	R_{eq})teor. (Ω)

Tabla 1.7: Actividad 3. Resultados.

2. Calcular teóricamente la intensidad U_x)teor. y I_x)teor. usando los parámetros del circuito equivalente calculados en el apartado anterior y la resistencia R_x medida. Anotar los valores en la tabla 1.8. Comparar estos valores con los obtenidos experimentalmente (tabla 1.6).

U_x)teor. (V)	I_x)teor. (A)

Tabla 1.8: Actividad 3. Resultados.

1.6. Cálculos y Observaciones

PRÁCTICA 2

CIRCUITOS DE CORRIENTE ALTERNA. MEDIDA DE POTENCIA

Contenido

2.1. Objetivos

- Verificar de forma experimental las diferencias existentes entre la aplicación de las leyes de Kirchhoff a circuitos de corriente alterna frente a los de corriente continua.

- Conocer los equipos necesarios para la medida de potencia en circuitos alimentados con corriente alterna, así como las características de esos equipos y su conexión al circuito en el que se desea realizar la medida.

- Aprender a determinar el factor de potencia en circuitos de corriente alterna con distintos receptores.

- Apreciar los efectos negativos de un bajo factor de potencia así como la necesidad y las ventajas que tiene su corrección.

2.2. Fundamentos teóricos

2.2.1 Potencia en circuitos monofásicos

Las fuentes sinusoidales y su efecto en el comportamiento de los circuitos constituyen un área importante. Cabe destacar: primero, la generación, el transporte y la distribución de la energía eléctrica tienen lugar en condiciones, esencialmente, de régimen permanente sinusoidal. Y segundo, la comprensión del comportamiento de un circuito en dicho régimen posibilita predecir el comportamiento de circuitos con fuentes no sinusoidales.

Por otra parte, el entendimiento y el correcto empleo de las técnicas de medida de potencia es fundamental para la comprensión de los procedimientos de análisis de circuitos excitados con fuentes sinusoidales.

En ingeniería eléctrica aparecen distintos términos relacionados con la potencia, los cuales se describen a continuación.

2.2.2 Potencia instantánea

Si u e i son, respectivamente, los valores instantáneos de la tensión e intensidad, la potencia instantánea es:

$$p(t) = u(t) \cdot i(t) \tag{2.1}$$

La potencia instantánea se mide en vatios cuando la tensión se mide en voltios y la intensidad en amperios.

Si se considera un receptor de tipo inductivo al que se le aplica una tensión sinusoidal, entonces la intensidad de corriente que recorre el receptor será también sinusoidal y estará retrasada un cierto ángulo φ con respecto a la tensión. Bajo este supuesto las expresiones de u e i en el dominio temporal adoptan la siguiente forma:

$$u(t) = U_m \cdot \cos(\omega t) \;\; ; \;\; i(t) = I_m \cdot \cos(\omega t - \varphi) \tag{2.2}$$

En las expresiones anteriores, U_m e I_m son, respectivamente, los valores máximos de la tensión $u(t)$ y de la intensidad $i(t)$. Esos valores máximos se pueden expresar como función de sus respectivos valores eficaces U e I. Es decir:

$$U_m = \sqrt{2} \cdot U \;\; ; \;\; I_m = \sqrt{2} \cdot I \tag{2.3}$$

Sustituyendo las expresiones (2.2) y (2.3) en (2.1) se obtiene la siguiente relación:

$$p(t) = \underbrace{UI \cos\varphi \cdot (1 + \cos(2\omega t))}_{\text{1er término}} + \underbrace{UI \sin\varphi \cdot \sin(2\omega t)}_{\text{2do término}} \tag{2.4}$$

Es fácil comprobar que para cualquier instante de tiempo se verifica que, el primer término de (2.4) es mayor o igual que cero, mientras que el segundo término es fluctuante y de valor medio nulo. Una característica común de ambos términos es que poseen una evolución temporal de pulsación doble que la de los valores correspondientes instantáneos de tensión e intensidad.

2.2.3 Potencia activa y potencia reactiva

La expresión (2.4) puede escribirse como sigue:

$$p(t) = P + P \cdot \cos(2\omega t) - Q \cdot \sin(2\omega t) \tag{2.5}$$

donde P recibe el nombre de *potencia activa* y Q el de *potencia reactiva*. De esta forma:

$$P = UI \cos\varphi \;\; ; \;\; Q = UI \sin\varphi \tag{2.6}$$

La potencia activa también se denomina potencia promedio en la bibliografía ya que corresponde al valor medio de la potencia instantánea *p(t)*:

$$P = \frac{1}{T} \int_{t_0}^{t_0+T} p(\tau) \cdot d\tau \tag{2.7}$$

Además, la potencia P se denomina activa porque cuantifica a la parte de la potencia capaz de realizar trabajo útil. Cuando la tensión se mide en voltios y la intensidad en amperios la potencia activa se expresa en vatios (W).

La potencia Q se denomina reactiva porque corresponde a la "reacción" que presenta un circuito eléctrico en forma de fenómenos electromagnéticos o electrostáticos, cuando es sometido a una diferencia de potencial (tensión). Para tensiones medidas en voltios e intensidades en amperios, la *potencia reactiva* tiene por unidad el var (voltio-amperio-reactivo). Esta unidad se usa por la necesidad de distinguir entre los valores numéricos de P y de Q, ya que ambas magnitudes tienen igual dimensión.

2.2.4 POTENCIA COMPLEJA. POTENCIA APARENTE. FACTOR DE POTENCIA

El vocablo *consumo* es ampliamente empleado en Ingeniería Eléctrica. Dicho vocablo surge del hecho de que los receptores eléctricos son *consumidores* de energía eléctrica que después mediante un proceso de transformación energética convierten en otra forma de energía (luz, calor, un par mecánico, etc.).

El *consumo* de un receptor expresado en términos de intensidad de corriente da una idea global de los procesos energéticos que se producen en éste. Parte de ese *consumo* corresponde a la conversión de energía eléctrica, mientras que el resto es la energía que necesita el receptor para poder realizar dicha conversión. La primera está asociada a la potencia activa del receptor y la segunda a la potencia reactiva que es debida a los procesos electromagnéticos (bobinas) y/o electrostáticos (condensadores) que se producen para poder realizar la transformación energética, y la cual de forma periódica se almacena en él y se devuelve a la red.

En términos de potencia, para poder expresar la potencia total demandada por una carga es necesario definir la *potencia compleja*, $(\overline{S})$, que es igual a la suma compleja de la potencia activa P y de la potencia reactiva Q:

$$\overline{S} = P + j \cdot Q \qquad (2.8)$$

Dimensionalmente, la potencia compleja es igual que la potencia activa y/o la potencia reactiva, por ello, para distinguir la potencia compleja de las otras potencias, se utiliza la unidad VA (voltio-amperio). Así, se usa las unidades VA para la potencia compleja $\overline{S}$, W para la potencia activa P y var para la potencia reactiva Q.

El módulo de la potencia compleja se denomina *potencia aparente*:

$$S = |\overline{S}| \qquad (2.9)$$

Trabajar con la expresión (2.8) tiene la ventaja de poder usar la relación geométrica que ésta proporciona. En concreto, con los valores de P, Q y S se puede formar un triángulo rectángulo como se indica en la figura 2.1, obteniéndose la siguiente relación:

$$S = \sqrt{P^2 + Q^2} = UI \qquad (2.10)$$

Otra concepto importante es el *factor de potencia (fdp)*, que se define como el cociente:

$$\text{Factor de potencia} = fdp = \frac{\text{Potencia activa}}{\text{Potencia aparente}} = \frac{P}{S} \qquad (2.11)$$

y expresa la fracción de la potencia aparente que es convertida en potencia activa, y por tanto utilizable. Cuando las funciones de tensión e intensidad son sinusoidales puras, el factor de potencia coincide con el de $\cos\varphi$, siendo φ el desfase entre tensión e intensidad.

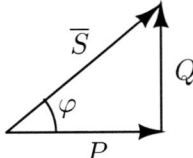

Figura 2.1: Triángulo de potencias.

2.2.5 MEJORA DEL FACTOR DE POTENCIA

A continuación se propone el circuito de la figura 2.2 con objeto de analizar los efectos que produce una mejora del factor de potencia.

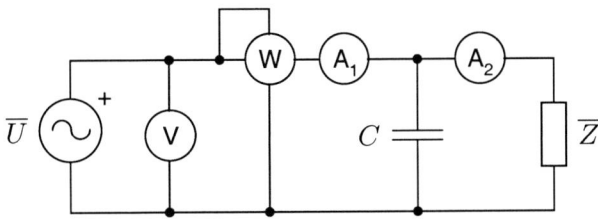

Figura 2.2: Circuito para compensación de factor de potencia.

Para una instalación genérica (supuesta inductiva) modelada por su impedancia $\overline{Z}$, la fuente de alimentación tiene que suministrar menos intensidad (I_1), cuanto mayor sea el factor de potencia, teniendo en cuenta que la potencia activa no varía. A su vez, esto conlleva una reducción de las pérdidas por efecto Joule en las líneas de alimentación. Esta mejora puede verse claramente en los diagramas fasoriales de la figura 2.3, donde se puede apreciar que para el mismo valor de intensidad I_2 absorbida por $\overline{Z}$, el valor de la intensidad I_1 disminuye al aumentar el factor de potencia.

Se observa, por tanto, la importancia de conocer el factor de potencia y mantenerlo dentro de unos valores suficientemente altos (próximos a 1). La mayoría de los receptores son inductivos, por lo que la compensación del fdp, hasta alcanzar valores adecuados ($0,8 \div 1$), se hace conectando condensadores en paralelo con la instalación. Mejorar el factor de potencia implica disminuir el ángulo de desfase entre tensión e intensidad hasta un nuevo valor φ_N. Considerando que no varía el consumo de potencia activa del receptor (en este caso $\overline{Z}$), el nuevo valor de potencia reactiva (Q_N), que ha de suministrar la red (en este caso la fuente de tensión), vendrá dado por:

$$Q_N = P \cdot \tan \varphi_N \tag{2.12}$$

El objeto de colocar el condensador C en paralelo es el de suministrar al receptor

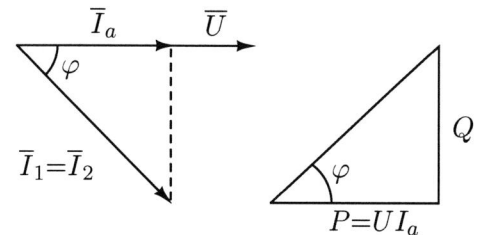

(a) Condensador desconectado

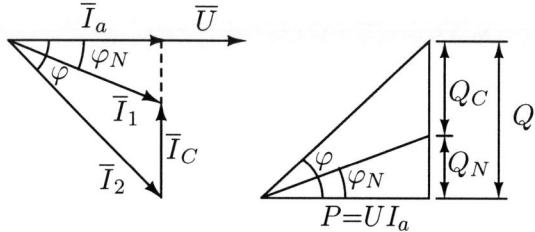

(b) Condensador conectado

Figura 2.3: Diagrama fasorial y triángulo de potencias.

la potencia reactiva necesaria (Q_C) para que el conjunto alcance el nuevo valor Q_N. Así pues:

$$Q_C = Q - Q_N \tag{2.13}$$

Esto se observa en los diagramas fasoriales y triángulos de potencia de la figura 2.3. Como se aprecia, manteniendo constante la potencia activa que absorbe la instalación, la intensidad total que absorbe el conjunto (instalación y condensador) después de aumentar el fdp es menor que sin compensar.

Conocido el valor de potencia reactiva que debe suministrar el condensador en paralelo (Q_C), es fácil comprobar que la capacidad de este será:

$$C = \frac{Q_C}{\omega \cdot U^2} = \frac{P \cdot (\tan \varphi - \tan \varphi_N)}{2\pi \cdot f \cdot U^2} \tag{2.14}$$

2.3. ACTIVIDAD 1: MEDIDA DE POTENCIA EN SISTEMAS MONOFÁSICOS. SISTEMAS RESISTIVO E INDUCTIVO

Uno de los objetivos de esta actividad es mostrar como se conecta un vatímetro para la medida de la potencia activa en circuitos monofásicos alimentados con corriente alterna. Otro objetivo es determinar el factor de potencia de dos tipos de receptores (resistivo e inductivo), poniendo de manifiesto las principales diferencias entre ellos, especialmente los efectos negativos asociados al funcionamiento con un bajo factor de potencia.

2.3.1 EQUIPOS NECESARIOS

1. Fuente de tensión monofásica[1] de 230 V y 50 Hz.

2. Carga monofásica resistiva (lámpara incandescente).

3. Carga monofásica inductiva (motor monofásico de inducción).

4. Equipos de medida: amperímetro, voltímetro y vatímetro.

5. Cable de conexionado.

2.3.2 REALIZACIÓN

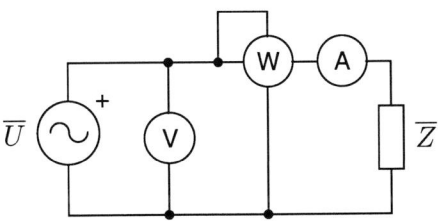

Figura 2.4: Montaje de la Actividad 1.

1. Primer montaje. Circuito con receptor resistivo.

   a) Realizar el montaje especificado en la figura 2.4, donde la carga ($\overline{Z}$) es una carga resistiva (lámpara incandescente). Para ello, en la figura 2.5 se facilita el esquema de conexionado.

---

[1]La fuente de tensión monofásica equivale a la diferencia de potencial entre dos cualesquiera de los bornes de la salida trifásica variable de $0 - 240$ V (ver figura 0.3) que dispone la fuente de alimentación.

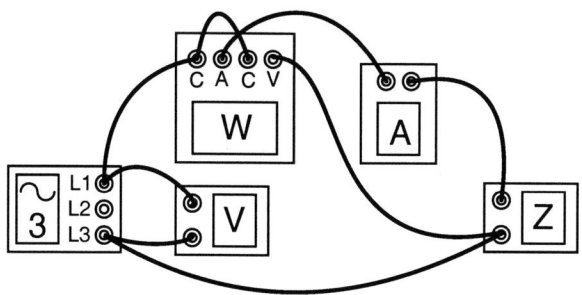

Figura 2.5: Esquema de conexionado de la Actividad 1.

b) Medir los valores de tensión (voltímetro), intensidad (amperímetro) y potencia activa (vatímetro). Anotarlos en la tabla 2.1.

U (V)	I (A)	P (W)

Tabla 2.1: Actividad 1: primer montaje. Lecturas obtenidas.

2. Segundo montaje. Circuito con receptor inductivo.

a) Aprovechando el primer montaje (figura 2.4), sustituir la carga resistiva por una carga inductiva (por ejemplo un motor de inducción monofásico).

b) Medir los nuevos valores de tensión (voltímetro), intensidad (amperímetro) y potencia activa (vatímetro). Anotarlos en la tabla 2.2.

U (V)	I (A)	P (W)

Tabla 2.2: Actividad 1: segundo montaje. Lecturas obtenidas.

2.3.3 Cuestiones

1. Primer montaje. Circuito con receptor resistivo.

a) Calcular la potencia aparente de la carga monofásica resistiva a partir de los valores medidos con el voltímetro y el amperímetro.

b) Comparar el valor medido con el vatímetro (potencia activa) con el valor calculado en el punto anterior.

c) Determinar el factor de potencia de la carga resistiva.

2. Segundo montaje. Circuito con receptor inductivo.

   a) Calcular la potencia aparente de la carga monofásica inductiva a partir de los valores medidos con el voltímetro y el amperímetro.

   b) Comparar el valor medido con el vatímetro (potencia activa) con el valor calculado en el punto anterior.

   c) Determinar el factor de potencia de la carga inductiva.

   d) Calcular la potencia reactiva absorbida por el receptor inductivo.

Anotar los resultados en la tabla 2.3.

Receptor	S (VA)	$\cos \varphi$	Q (var)
Resistivo			
Inductivo			

Tabla 2.3: Actividad 1. Resultados.

2.4. ACTIVIDAD 2: SISTEMA CON CARGA INDUCTIVA Y CORRECCIÓN DEL FACTOR DE POTENCIA

El objetivo de esta actividad es mostrar cómo, mediante la inserción de un condensador en paralelo con una carga inductiva, es posible mejorar el factor de potencia del circuito.

2.4.1 EQUIPOS NECESARIOS

1. Fuente de tensión monofásica[2] de 230 V y 50 Hz.

2. Carga monofásica inductiva (motor monofásico de inducción).

3. Condensadores para la compensación del factor de potencia.

4. Equipos de medida: amperímetro, voltímetro y vatímetro.

5. Cable de conexionado.

2.4.2 REALIZACIÓN

1. Montar el circuito de la figura 2.6 en el cual $\overline{Z}$ es el mismo receptor que en el segundo montaje (circuito con receptor inductivo) de la actividad 1. En la figura 2.7 se representa el esquema de conexionado.

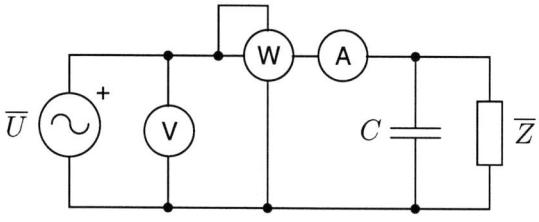

Figura 2.6: Montaje de la Actividad 1.

2. Medir los valores de tensión, intensidad y potencia activa. Anotarlos en la tabla 2.4.

---

[2]La fuente de tensión monofásica equivale a la diferencia de potencial entre dos cualesquiera de los bornes de la salida trifásica variable de $0 - 240$ V (ver figura 0.3) que dispone la fuente de alimentación.

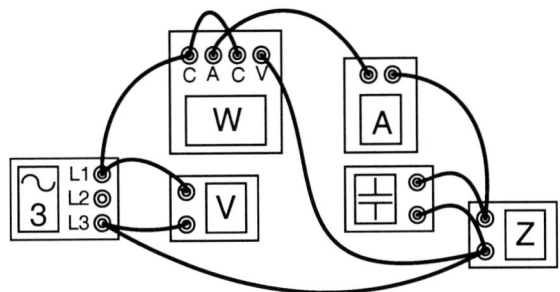

Figura 2.7: Esquema de conexionado de la Actividad 2.

U (V)	I (A)	P (W)

Tabla 2.4: Actividad 2. Lecturas obtenidas.

2.4.3 Cuestiones

1. Comparar el valor medido con el vatímetro (potencia activa) con el valor de potencia activa medida en el segundo montaje de la actividad 1.

2. Calcular y anotar en la tabla 2.5 la potencia aparente del conjunto condensador-receptor a partir de los valores medidos con el voltímetro y amperímetro. Comparar este valor con el obtenido en el segundo montaje de la actividad 1.

3. Calcular y anotar en la tabla 2.5 el $\cos \varphi_T$ del conjunto condensador-receptor. Comparar este valor con el obtenido en el segundo montaje de la actividad 1.

4. Calcular y anotar en la tabla 2.5 la potencia reactiva del conjunto condensador-receptor (Q_N). Comparar este valor con el obtenido en el segundo montaje de la actividad 1.

5. Calcular y anotar en la tabla 2.5 la capacidad del condensador empleado (C).

6. ¿Qué condensador habría que colocar para que el fdp fuese 1? Anotar su capacidad ($C_{\cos \varphi = 1}$) en la tabla 2.5.

S (VA)	$\cos \varphi_T$	Q_N (var)	C (F)	$C_{\cos \varphi=1}$

Tabla 2.5: Actividad 2. Resultados.

7. ¿Qué ventaja, respecto a la potencia aparente de la fuente, presenta la mejora del factor de potencia?

2.5. CÁLCULOS Y OBSERVACIONES

PRÁCTICA 3

CIRCUITOS TRIFÁSICOS. PARTE I

Contenido

3.1. OBJETIVOS

- Comprobar las relaciones entre las magnitudes de línea y de fase en sistemas trifásicos equilibrados y desequilibrados.

- Comprobar la influencia que tiene en un sistema desequilibrado, con conexión en estrella, la presencia o ausencia de neutro.

3.2. FUNDAMENTOS TEÓRICOS

3.2.1 INTRODUCCIÓN

En Ingeniería Eléctrica, un sistema trifásico de tensiones es conjunto de tres tres tensiones sinusoidales. Si a este sistema se le impone la condición de que sea equilibrado, entonces dichas magnitudes sinusoidales tendrán la misma amplitud y además estarán desfasadas entre sí un ángulo de 120°:

$$|\overline{U}_R| = |\overline{U}_S| = |\overline{U}_T| \quad ; \quad \overline{U}_R + \overline{U}_S + \overline{U}_T = 0 \tag{3.1}$$

Fijado un origen de fases, para que quede completamente definido el sistema trifásico sólo quedaría establecer la **secuencia de fases**, es decir, el orden en el que van a sucederse las dos fases restantes.

Así por ejemplo, fijada la fase R como origen de fases, sólo existen dos posibilidades de sucesión de las dos fases restantes: una S, T y la otra T, S. La primera de ellas se denomina *secuencia directa* y la segunda *secuencia inversa*. Para un sistema trifásico equilibrado de tensiones, los correspondientes diagramas fasoriales para cada una de las secuencias de fases se muestra en la figura 3.1.

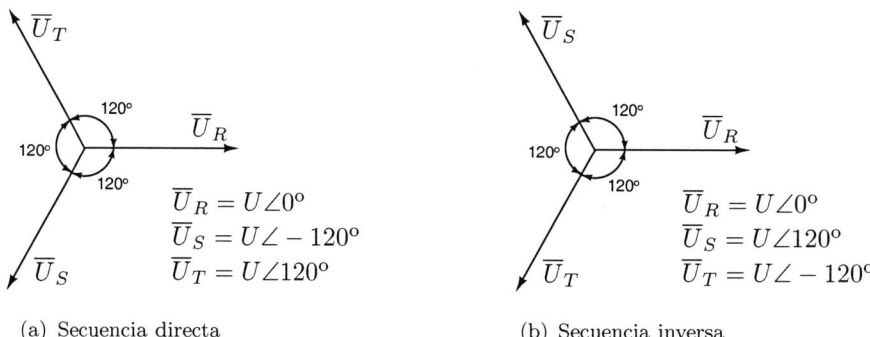

(a) Secuencia directa   (b) Secuencia inversa

Figura 3.1: Secuencia de fases.

3.2.2 CONEXIONES BÁSICAS DE UNA CARGA TRIFÁSICA

Una carga trifásica consta de tres impedancias, las cuales pueden corresponder a tres dispositivos independientes o a un único dispositivo trifásico. La forma en que se dispongan estas impedancias da lugar a dos conexiones básicas:

- Conexión en *triángulo* (figura 3.2(a)).

- Conexión en *estrella* (figura 3.2(b)).

Independientemente de la conexión, si $\overline{Z}_1 = \overline{Z}_2 = \overline{Z}_3$ la carga está equilibrada.

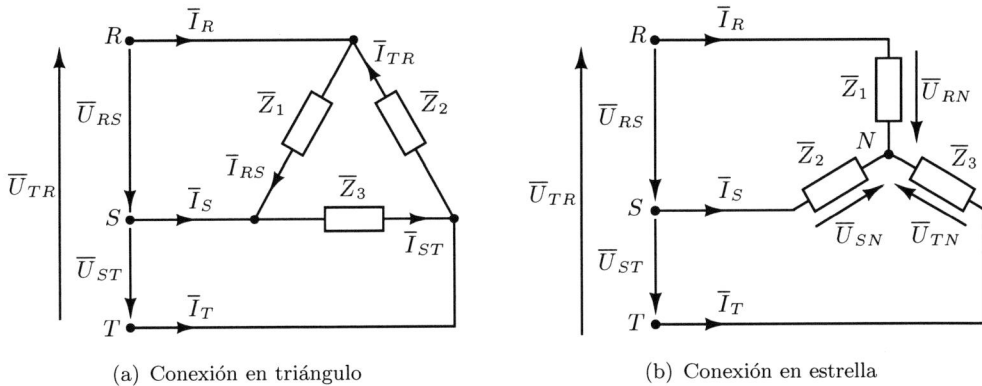

(a) Conexión en triángulo   (b) Conexión en estrella

Figura 3.2: Conexiones básicas de una carga trifásica.

3.2.3 MAGNITUDES DE LÍNEA Y DE FASE

- Se denomina *tensión de fase* (U_F) a la diferencia de potencial en cada una de las ramas monofásicas de un sistema trifásico.

- Se denomina *tensión de línea* (U_L) a la diferencia de potencial que existe entre dos conductores de línea de un sistema trifásico.

- En un sistema conectado en triángulo, las tensiones de fase y de línea coinciden.

- Se denomina *intensidad de fase* (I_F) a aquella que circula por cada una de las ramas monofásicas de un sistema trifásico.

- Se denomina *intensidad de línea* (I_L) a aquella que circula por cada uno de los conductores de línea de un sistema trifásico.

- En un sistema conectado en estrella, las intensidades de fase y de línea coinciden.

3.2.4 Relación entre magnitudes de línea y de fase en sistemas equilibrados

Conexión en triángulo

Cuando la carga se conecta en triángulo, independientemente de la secuencia de fases del sistema de alimentación, las tensiones de fase coinciden con las tensiones de línea (figura 3.2(a)):

$$U_L = U_{RS} = U_{ST} = U_{TR} = U_F \tag{3.2}$$

En la figura 3.2(a) las intensidades de línea son $\overline{I}_R$, $\overline{I}_S$, $\overline{I}_T$, mientras que $\overline{I}_{RS}$, $\overline{I}_{ST}$, $\overline{I}_{TR}$ son intensidades de fase. Además, la relación que existe entre ellas es:

$$\overline{I}_R = \overline{I}_{RS} - \overline{I}_{TR} \ ; \ \ \overline{I}_S = \overline{I}_{ST} - \overline{I}_{RS} \ ; \ \ \overline{I}_T = \overline{I}_{TR} - \overline{I}_{ST} \tag{3.3}$$

A partir de los diagramas fasoriales para secuencia directa (figura 3.3(a)) y para secuencia inversa (figura 3.3(b)) se obtienen, respectivamente, las relaciones siguientes entre las intensidades de línea y las intensidades de fase:

$$\overline{I}_L^d = \overline{I}_F^d \cdot \sqrt{3}\angle - 30° \qquad\qquad \overline{I}_L^i = \overline{I}_F^i \cdot \sqrt{3}\angle 30° \tag{3.4}$$

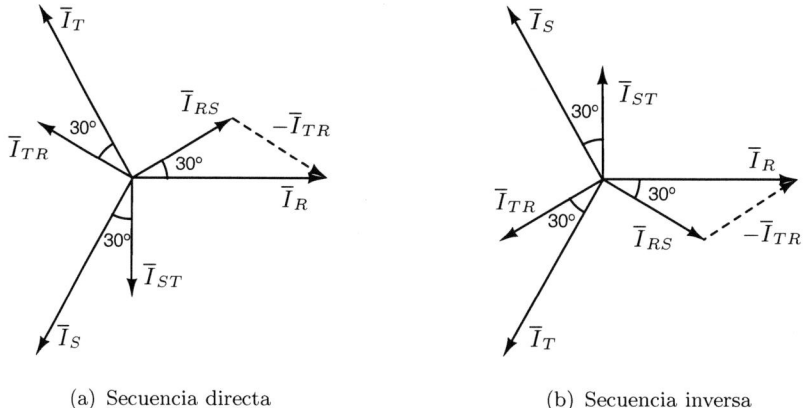

(a) Secuencia directa   (b) Secuencia inversa

Figura 3.3: Diagramas fasoriales de la conexión en triángulo de una carga equilibrada.

Obsérvese que las intensidades de línea tienen un módulo $\sqrt{3}$ veces mayor que las intensidades de fase, y se encuentran desfasadas 30° en retraso o en adelanto según la secuencia.

CONEXIÓN EN ESTRELLA

Cuando la carga se conecta en estrella, independientemente de la secuencia de fases del sistema de alimentación, las intensidades de fase coinciden con las intensidades de línea (figura 3.2(b)):

$$I_L = I_R = I_S = I_T = I_F \tag{3.5}$$

En la figura 3.2(b)) las tensiones de línea son $\overline{U}_{RS}$, $\overline{U}_{ST}$, $\overline{U}_{TR}$, mientras que $\overline{U}_{RN}, \overline{U}_{SN}, \overline{U}_{TN}$ son tensiones de fase. Además, la relación que existe entre ellas es:

$$\overline{U}_{RS} = \overline{U}_{RN} - \overline{U}_{SN} \ ; \ \ \overline{U}_{ST} = \overline{U}_{SN} - \overline{U}_{TN} \ ; \ \ \overline{U}_{TR} = \overline{U}_{TN} - \overline{U}_{RN} \tag{3.6}$$

Según los diagramas fasoriales para secuencia directa (figura 3.4(a)) y para secuencia inversa (figura 3.4(b)) se obtienen, respectivamente, las relaciones siguientes entre las tensiones de línea y las tensiones de fase:

$$\overline{U}^{d}_{L} = \overline{U}^{d}_{F} \cdot \sqrt{3} \angle 30^{\circ} \qquad \overline{U}^{i}_{L} = \overline{U}^{i}_{F} \cdot \sqrt{3} \angle -30^{\circ} \tag{3.7}$$

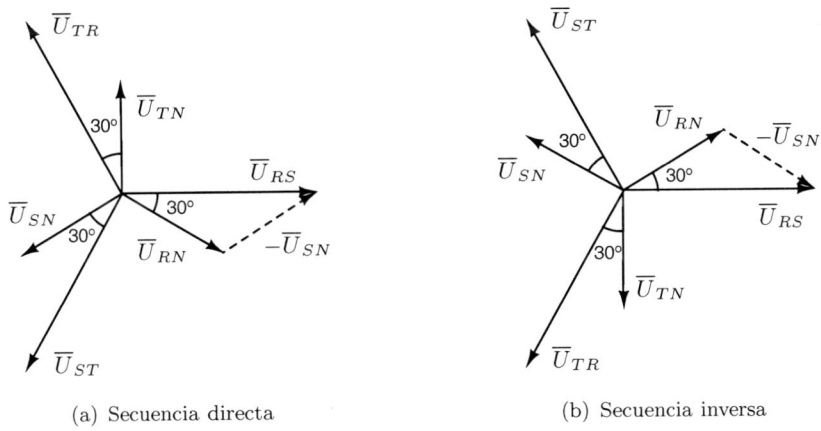

(a) Secuencia directa   (b) Secuencia inversa

Figura 3.4: Diagramas fasoriales de la conexión en estrella de una carga equilibrada.

Obsérvese que las tensiones de línea tienen un módulo $\sqrt{3}$ veces mayor que las tensiones de fase, y se encuentran desfasadas 30° en retraso o en adelanto según la secuencia.

3.2.5 Relación entre magnitudes de línea y de fase en sistemas desequilibrados

Conexión en triángulo

Si la carga desequilibrada se encuentra conectada en triángulo, se sigue cumpliendo que las tensiones de línea coinciden con las de fase, pero en general:

$$I_L \neq I_F \cdot \sqrt{3} \tag{3.8}$$

Esto es válido tanto para secuencia directa como para secuencia inversa.

Conexión en estrella

Si la carga desequilibrada se encuentra conectada en estrella, dependiendo de si el neutro de ésta se encuentra rígidamente unido con el neutro del generador se obtienen conclusiones diferentes. Se consideran ambos neutros rígidamente unidos cuando se conectan a través de un conductor cuya impedancia es despreciable.

- Con el neutro rígidamente unido al neutro del generador, entonces:

$$U_L = U_F \cdot \sqrt{3} \quad ; \quad I_L = I_F \tag{3.9}$$

- Si el neutro de la carga se encuentra aislado o conectado al neutro del generador a través de una impedancia no despreciable entonces:

$$U_L \neq U_F \cdot \sqrt{3} \quad ; \quad I_L = I_F \tag{3.10}$$

Esto es válido tanto para secuencia directa como para secuencia inversa.

3.3. ACTIVIDAD 1: CIRCUITO TRIFÁSICO CON CARGA CONECTADA EN TRIÁNGULO

En esta actividad se comprobarán las relaciones entre las intensidades de línea y de fase en una carga trifásica conectada en triángulo, tanto equilibrada como desequilibrada.

3.3.1 EQUIPOS NECESARIOS

1. Fuente de tensión trifásica de 230 V y 50 Hz.

2. Carga resistiva trifásica variable.

3. Equipos de medida: amperímetros y voltímetros.

4. Cable de conexionado.

3.3.2 REALIZACIÓN

1. Realizar el montaje de la figura 3.5, cuyo esquema de conexionado es el que aparece representado en la figura 3.6.

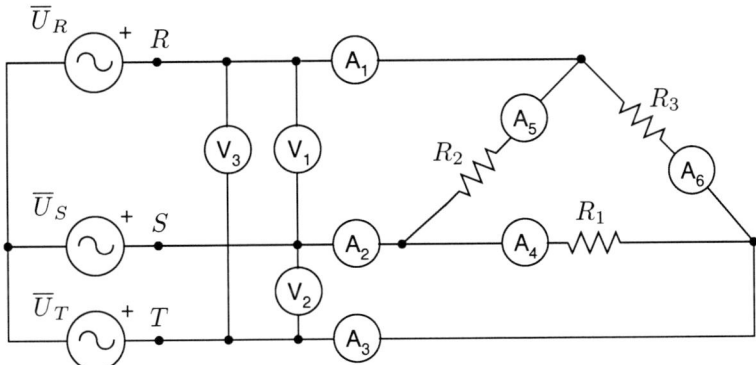

Figura 3.5: Montaje de la actividad 1. Carga conectada en triángulo.

2. Medir con los amperímetros las intensidades de línea (I_1, I_2, I_3) y la intensidad en cada una de las resistencias (I_4, I_5, I_6), y con los voltímetros la tensión en cada una de las resistencias (U_1, U_2, U_3). Para ello, fijar sucesivamente los selectores de las tres resistencias variables en las siguientes posiciones:

   a) 1-1-1 ($R_1 = R_2 = R_3$).

   b) 2-4-6 ($R_1 \neq R_2 \neq R_3$).

Anotar en la tabla 3.1 los valores obtenidos.

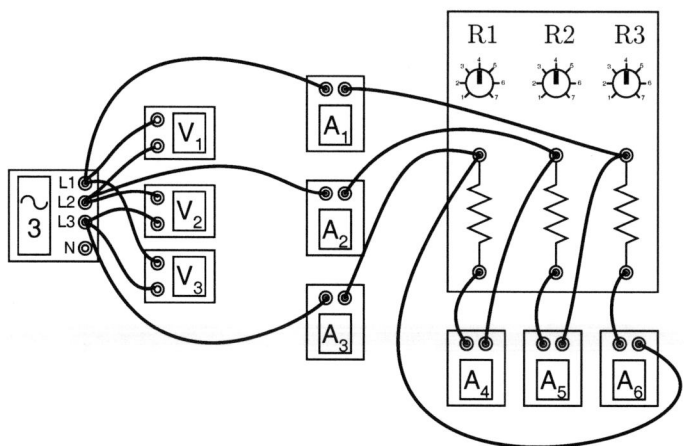

Figura 3.6: Esquema de conexionado de la actividad 1. Carga conectada en triángulo.

Posición Selectores	I_1 (A)	I_2 (A)	I_3 (A)	I_4 (A)	I_5 (A)	I_6 (A)	U_1 (V)	U_2 (V)	U_3 (V)
1-1-1									
2-4-6									

Tabla 3.1: Lecturas obtenidas en la actividad 1. Carga conectada en triángulo.

3.3.3 CUESTIONES

1. En el caso de $R_1=R_2=R_3$ (posiciones de los selectores 1-1-1), comprobar que $I_L=\sqrt{3}\cdot I_F$.

2. En el caso de $R_1\neq R_2\neq R_3$ (posiciones de los selectores 2-4-6), comprobar que $I_L\neq\sqrt{3}\cdot I_F$.

3. A partir de los valores de resistencias (tabla 0.1) correspondientes a las posiciones de los selectores 2-4-6, calcular teóricamente lo que deben medir los amperímetros 4, 5 y 6. Anotar en la tabla 3.2 los resultados obtenidos y compararlos con las medidas experimentales de la tabla 3.1.

Posición Selectores	R_1 (Ω)	R_2 (Ω)	R_3 (Ω)	$I_4)_{teor.}$ (A)	$I_5)_{teor.}$ (A)	$I_6)_{teor.}$ (A)
2-4-6						

Tabla 3.2: Resultados obtenidos en la actividad 1. Carga conectada en triángulo.

3.4. ACTIVIDAD 2: CIRCUITO TRIFÁSICO CON CARGA CONECTADA EN ESTRELLA

El objetivo de esta actividad es mostrar como, en una carga trifásica equilibrada conectada en estrella, los valores de las tensiones de fase son independientes de la existencia o no del conductor neutro. Además, se observará como el neutro puede hacer que las tensiones de fase mantengan su valor independientemente del grado de desequilibrio de la carga.

3.4.1 EQUIPOS NECESARIOS

1. Fuente de tensión trifásica de 230 V y 50 Hz.

2. Carga resistiva trifásica variable.

3. Equipos de medida: amperímetros y voltímetros.

4. Cable de conexionado.

3.4.2 REALIZACIÓN

1. Realizar el montaje de la figura 3.7, cuyo esquema de conexionado es el que aparece representado en la figura 3.8.

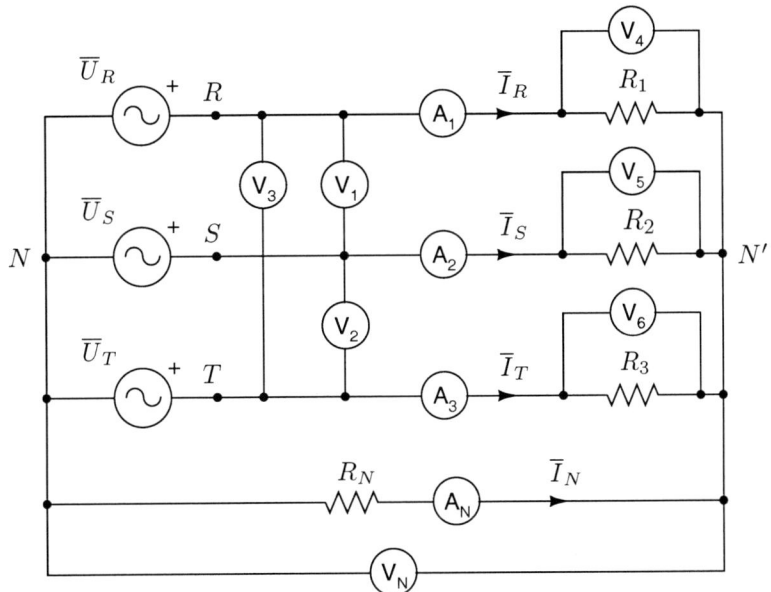

Figura 3.7: Montaje de la actividad 2. Carga conectada en estrella.

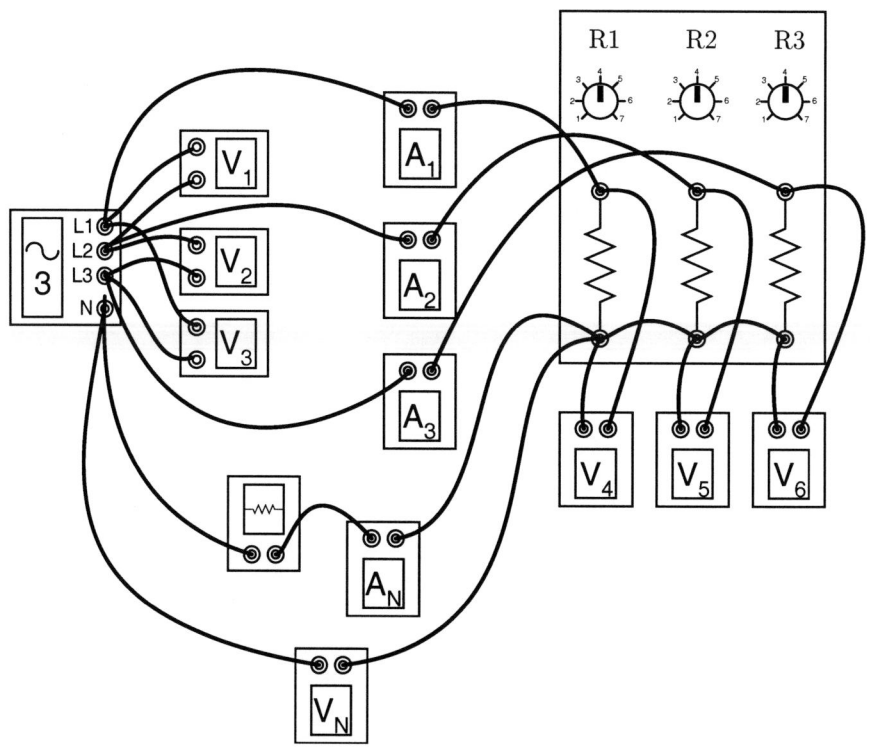

Figura 3.8: Esquema de conexionado de la actividad 2. Carga conectada en estrella.

2. Medir con los voltímetros las tensiones de línea (U_1, U_2, U_3), la tensión en cada una de las resistencias (U_4, U_5, U_6) así como la tensión (U_N) entre los neutros N y N'. Con los amperímetros medir las intensidades de línea (I_1, I_2, I_3) y la intensidad por el neutro (I_N). Para ello, fijar sucesivamente las siguientes posiciones de los selectores de las tres resistencias variables así como el valor de la resistencia de neutro:

   a) 1-1-1 $(R_1=R_2=R_3)$. La resistencia de neutro se fijará en un valor arbitrario.

   b) 1-3-5 $(R_1 \neq R_2 \neq R_3)$. La resistencia de neutro será cero, es decir la conexión entre los dos neutros N y N' será rígida.

   c) 1-3-5 $(R_1 \neq R_2 \neq R_3)$. La resistencia de neutro se fijará en un valor arbitrario distinto de cero.

   d) 1-3-5 $(R_1 \neq R_2 \neq R_3)$. En este caso se aislarán ambos neutros, lo que equivale a una resistencia de neutro teóricamente infinita.

Anotar en la tabla 3.3 los valores obtenidos.

Posición Selectores	R_N (Ω)	U_1 (V)	U_2 (V)	U_3 (V)	U_4 (V)	U_5 (V)	U_6 (V)	I_1 (A)	I_2 (A)	I_3 (A)	I_N (A)	U_N (V)
1-1-1	-											
1-3-5	0											
1-3-5	-											
1-3-5	∞											

Tabla 3.3: Lecturas obtenidas en la actividad 2. Carga conectada en estrella.

3.4.3 CUESTIONES

1. En el caso de $R_1=R_2=R_3$ (posiciones de los selectores 1-1-1), comprobar que $U_L=\sqrt{3}\cdot U_F$, $I_N=0$ y que $U_N=0$.

2. En el caso de $R_1\neq R_2\neq R_3$ y $R_N=0$, comprobar que $U_L=\sqrt{3}\cdot U_F$ y que $I_N\neq 0$.

3. En el caso de $R_1\neq R_2\neq R_3$ y $R_N\neq 0$, comprobar que $U_L\neq\sqrt{3}\cdot U_F$, $U_N\neq 0$ y que $I_N\neq 0$.

4. En el caso de $R_1\neq R_2\neq R_3$ y $R_N=\infty$, comprobar que $U_L\neq\sqrt{3}\cdot U_F$, $U_N\neq 0$ y que $I_N=0$.

5. En el caso de $R_1=R_2=R_3$, a partir de los valores de resistencias (tabla 0.1) correspondientes a las posiciones de los selectores 1-1-1, calcular teóricamente lo que deben medir los amperímetros 1, 2 y 3. Anotar en la tabla 3.4 los resultados obtenidos y compararlos con las medidas experimentales de la tabla 3.3.

6. En el caso de $R_1\neq R_2\neq R_3$ y $R_N=0$, a partir de los valores de resistencias (tabla 0.1) correspondientes a las posiciones de los selectores 1-3-5, calcular teóricamente lo que deben medir los amperímetros 1, 2 y 3, así como la intensidad que circulará por el neutro. Anotar en la tabla 3.4 los resultados obtenidos y compararlos con las medidas experimentales de la tabla 3.3.

Posición Selectores	R_N (Ω)	R_1 (Ω)	R_2 (Ω)	R_3 (Ω)	$I_1)_{\text{teor.}}$ (A)	$I_2)_{\text{teor.}}$ (A)	$I_3)_{\text{teor.}}$ (A)	$I_N)_{\text{teor.}}$ (A)	U_N (V)
1-1-1	-							0	0
1-3-5	0								0

Tabla 3.4: Resultados obtenidos en la actividad 2. Carga conectada en estrella.

3.5. CÁLCULOS Y OBSERVACIONES

PRÁCTICA 4

CIRCUITOS TRIFÁSICOS. PARTE II

Contenido

4.1. OBJETIVOS

- Aprender a medir potencia en sistemas trifásicos equilibrados.

- Conocer algunos parámetros fundamentales del funcionamiento de instalaciones con alimentación trifásica (secuencia de fases, tipo de configuración de los receptores, potencia, factor de potencia, etc.).

- Aprender a determinar el factor de potencia en circuitos de corriente alterna con distintos receptores.

- Aprender a conectar una batería de condensadores para la compensación de reactiva.

- Comprobar los efectos producidos por la mejora del factor de potencia de un receptor inductivo.

4.2. FUNDAMENTOS TEÓRICOS

4.2.1 POTENCIA EN CIRCUITOS TRIFÁSICOS

La potencia activa, P, en un circuito trifásico es:

$$P = P_{F1} + P_{F2} + P_{F3} \qquad (4.1)$$

donde, P_{Fi} es la potencia activa correspondiente a la fase i, la cual viene dada por la siguiente expresión:

$$P_{Fi} = U_{Fi} \cdot I_{Fi} \cdot \cos\varphi_i \qquad (4.2)$$

siendo U_{Fi} e I_{Fi} la tensión e intensidad de la fase i, y φ_i el desfase existente entre dichas magnitudes.

Así mismo, la potencia reactiva, Q, en un circuito trifásico es la siguiente:

$$Q = Q_{F1} + Q_{F2} + Q_{F3} \qquad (4.3)$$

Q_{Fi} es la potencia reactiva correspondiente a la fase i, la cual viene dada por la siguiente expresión:

$$Q_{Fi} = U_{Fi} \cdot I_{Fi} \cdot \sin\varphi_i \qquad (4.4)$$

Por otro lado, la potencia compleja, $\overline{S}$, de un circuito trifásico es:

$$\overline{S} = \overline{S}_{F1} + \overline{S}_{F2} + \overline{S}_{F3} = \overline{U}_{F1} \cdot \overline{I}_{F1}^* + \overline{U}_{F2} \cdot \overline{I}_{F2}^* + \overline{U}_{F3} \cdot \overline{I}_{F3}^* = P + jQ \qquad (4.5)$$

Se denomina potencia aparente, S, al módulo de $\overline{S}$:

$$S = \sqrt{P^2 + Q^2} \tag{4.6}$$

En el caso particular de que el circuito esté equilibrado resulta:

$$P_{F1} = P_{F2} = P_{F3} \ ; \ Q_{F1} = Q_{F2} = Q_{F3} \tag{4.7}$$

de forma que la potencia activa, reactiva y aparente del sistema trifásico, se pueden expresar del siguiente modo:

$$P = 3 \cdot U_F \cdot I_F \cdot \cos\varphi = \sqrt{3} \cdot U_L \cdot I_L \cdot \cos\varphi$$
$$Q = 3 \cdot U_F \cdot I_F \cdot \sin\varphi = \sqrt{3} \cdot U_L \cdot I_L \cdot \sin\varphi \tag{4.8}$$
$$S = 3 \cdot U_F \cdot I_F = \sqrt{3} \cdot U_L \cdot I_L$$

Es conveniente hacer énfasis que, en las expresiones (4.8), el ángulo φ mide el desfase entre los fasores correspondientes a la tensión e intensidad en una fase.

4.2.2 FACTOR DE POTENCIA

El factor de potencia de un circuito trifásico equilibrado coincide con el coseno del ángulo que forman tensión e intensidad en una fase:

$$fdp = \frac{P}{S} = \frac{\sqrt{3} \cdot U_L \cdot I_L \cdot \cos\varphi}{\sqrt{3} \cdot U_L \cdot I_L} = \cos\varphi \tag{4.9}$$

4.2.3 CORRECCIÓN DEL FACTOR DE POTENCIA

La mayoría de las cargas industriales son de carácter inductivo (transformadores, motores, etc.), es decir, absorben potencia activa y reactiva.

Como es bien sabido, la potencia reactiva da lugar a un valor de intensidad superior al estrictamente necesario para la obtención de trabajo útil. Este consumo extra de intensidad produce pérdidas innecesarias en las partes resistivas de la instalación y caídas de tensión, lo cual, a su vez, disminuye la potencia disponible para otros usos u otros usuarios.

El objetivo, por tanto, es minimizar dicha transferencia de energía reactiva así como obtener un mayor aprovechamiento de la potencia disponible lo que se traduce en un ahorro en la facturación de electricidad. Las compañías eléctricas penalizan a las instalaciones con un consumo excesivo de potencia reactiva, es decir instalaciones que tienen un factor de potencia bajo.

Según se ha dicho, la mayoría de los receptores tienen un carácter inductivo, por lo que la compensación del fdp, hasta alcanzar los valores adecuados, se hace

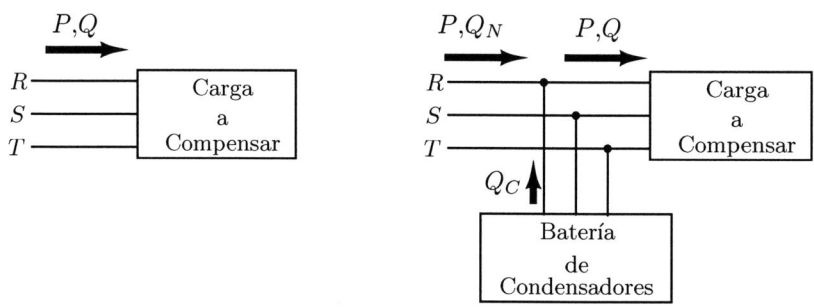

Figura 4.1: Conexión de los condensadores.

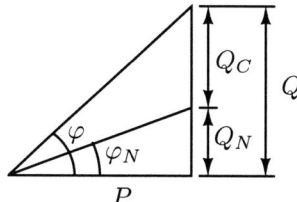

Figura 4.2: Triángulo de potencias.

mediante condensadores conectados en paralelo con la instalación (figura 4.1). A su vez, estos pueden estar conectados en estrella o en triángulo.

Para calcular el valor de la potencia reactiva de dichos condensadores se puede proceder tal y como se indica continuación, basándose en la figura 4.2:

- En primer lugar se calcula la potencia reactiva total que deben suministrar los condensadores para obtener el nuevo factor de potencia ($Q_C = Q - Q_N$), siendo Q la potencia reactiva total de la instalación sin compensar y Q_N la nueva potencia reactiva total que se desea tener.

- A continuación se determina la potencia reactiva por fase, Q_{CF}, que debe suministrar cada condensador. Dado que siempre se deberá colocar un conjunto de condensadores que resulte equilibrado, $Q_{CF} = Q_C/3$.

- Para determinar el valor de la capacidad de cada condensador, habrá que saber si se van a conectar en estrella ó en triángulo, puesto que la tensión que deberán soportar será distinta en cada caso:

  - **Condensadores conectados en estrella**
    La tensión a la que están sometidos cada uno será $U_F = U_L/\sqrt{3}$. Por

tanto, la capacidad necesaria será la siguiente:

$$Q_{CF} = \frac{U_F^2}{X_{CY}} = U_F^2 \cdot \omega \cdot C_Y \quad \Rightarrow \quad C_Y = \frac{Q_{CF}}{U_F^2 \cdot \omega} = \frac{3 \cdot Q_{CF}}{U_L^2 \cdot \omega} \qquad (4.10)$$

- **Condensadores conectados en triángulo**

  Si los condensadores están conectados en triángulo, la tensión a la que están sometidos cada uno será U_L. La capacidad necesaria en este caso será:

$$Q_{CF} = \frac{U_L^2}{X_{C\Delta}} = U_L^2 \cdot \omega \cdot C_\Delta \quad \Rightarrow \quad C_\Delta = \frac{Q_{CF}}{U_L^2 \cdot \omega} = \frac{Q_{CF}}{U_L^2 \cdot \omega} \qquad (4.11)$$

En esta configuración, los condensadores soportarán mayor diferencia de potencial que en la conexión en estrella, aunque tendrán menor capacidad.

Para una misma U_L:

$$C_\Delta = \frac{1}{3} \cdot C_Y \qquad (4.12)$$

4.2.4 MEDIDA DE POTENCIA EN CIRCUITOS TRIFÁSICOS

La medida de potencia en los sistemas trifásicos se puede realizar con vatímetros monofásicos, conectados de tal forma, que consigan medir la potencia activa y reactiva de aquellos.

El número de vatímetros que se emplee para realizar la medida, así como la forma en la que se conectan dependerá del tipo de sistema que se trate (sistemas trifásicos con neutro o sistemas trifásicos sin neutro) y de si la carga esté equilibrada o de desequilibrada. Si antes de hacer la medida no se sabe qué carácter tiene la carga, siempre se puede usar el método correspondiente al de cargas desequilibradas que es el más general.

En la tabla 4.1 se indican distintos métodos de medida de potencia activa y reactiva en sistemas trifásicos.

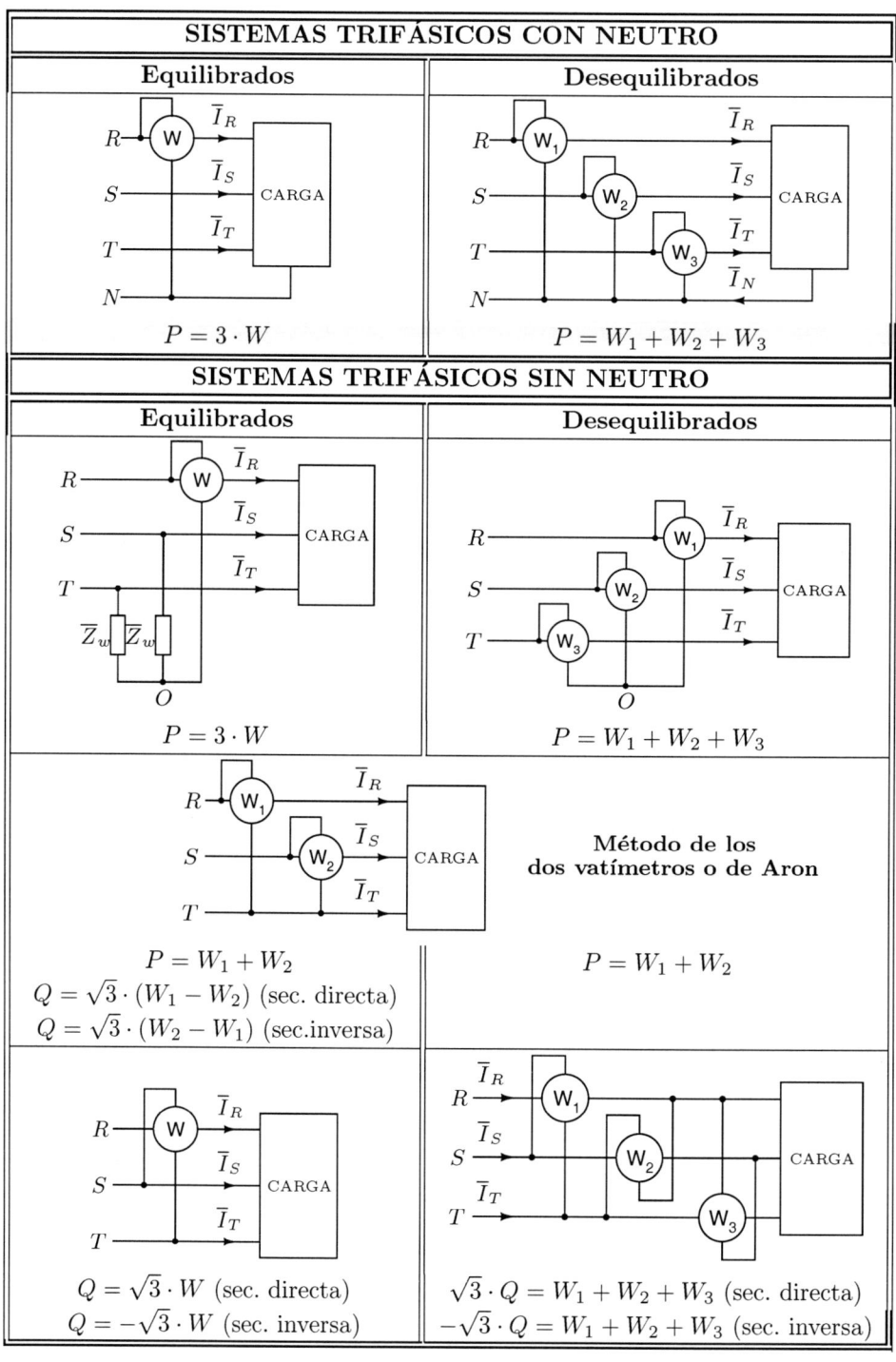

Tabla 4.1: Métodos de medida de potencia.

4.3. ACTIVIDAD 1: MEDIDA DE POTENCIA EN UN SISTEMA EQUILIBRADO

Esta actividad tiene como objetivo la medida de potencia de un receptor trifásico equilibrado. Para ello, se utilizará el método del neutro artificial y el método de Aron.

4.3.1 EQUIPOS NECESARIOS

1. Fuente de tensión trifásica de 220 V y 50 Hz.

2. Motor trifásico.

3. Equipos de medida: vatímetros, amperímetro y voltímetro.

4. Cables de conexionado.

4.3.2 REALIZACIÓN

1. Primer montaje. Método del neutro artificial.

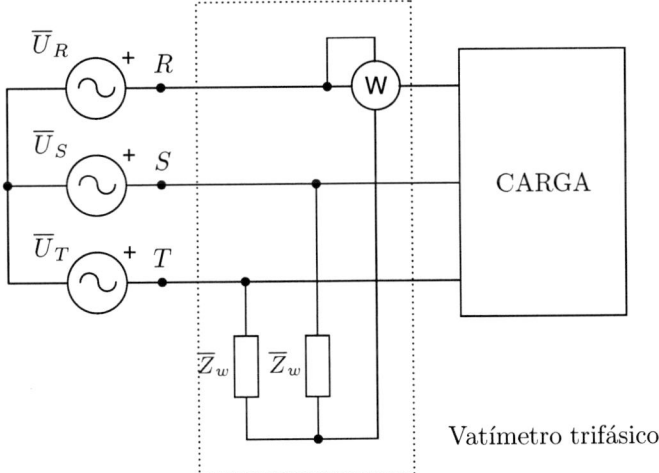

Figura 4.3: Primer montaje de la actividad 1. Método del neutro artificial.

a) Realizar el montaje de la figura 4.3. Así mismo, en la figura 4.4 se facilita el esquema de conexionado.

b) El vatímetro empleado será trifásico, el cual implementa el método de medida basado en el creación de un neutro artificial descrito en la tabla 4.1. Hay que destacar que las impedancias $\overline{Z}_w$ se encuentran incorporadas

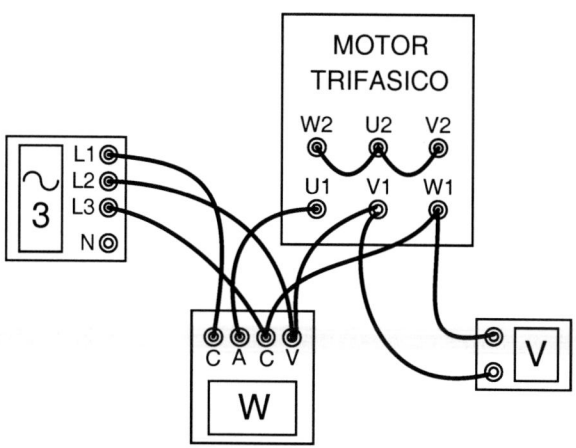

Figura 4.4: Esquema de conexionado del primer montaje de la actividad 1. Método del neutro artificial.

en el vatímetro trifásico y por tanto, no es necesario tenerlas en cuenta en este primer montaje.

c) En toda la práctica se usará un motor trifásico[1] como carga trifásica. Concretamente será un motor de inducción trifásico de 220/380 V y 50 Hz.

d) La tensión de la fuente de alimentación será de 220 V, la cuál se utilizará en toda la práctica[2].

e) Anotar en la tabla 4.2 la lectura del vatímetro.

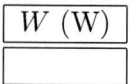

Tabla 4.2: Lectura obtenida en el primer montaje de la actividad 1. Método del neutro artificial.

---

[1]Este tipo de carga posee una corriente de arranque muy superior a la corriente nominal (3 o 5 veces superior). Esto puede provocar que, en el momento de la conexión, la intensidad que absorba no sea soportada por los aparatos de medida y provoque daños irreparables. Para evitar esto se puede optar bien por conectar en cortocircuito las bobinas amperimétricas de los vatímetros hasta que el motor haya finalizado su arranque, o bien por efectuar un arranque aumentando progresivamente la tensión de alimentación al motor mediante el correspondiente reóstato.

[2]Para esta tensión de alimentación la máquina se debería de conectar en triángulo aunque por limitaciones operativas se ha optado por la conexión en estrella aún sabiendo que el motor no podrá suministrar su potencia asignada.

2. Segundo montaje. Método de los dos vatímetros o de Aron.

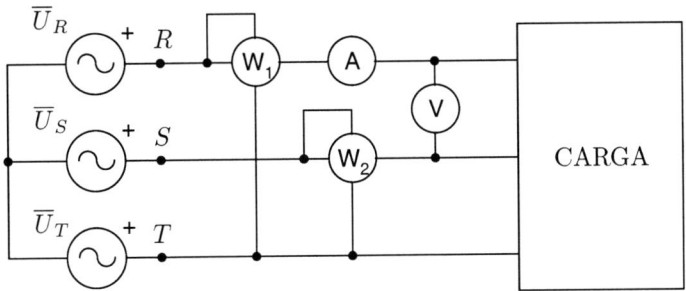

Figura 4.5: Segundo montaje de la actividad 1. Método de Aron.

a) Realizar el montaje [3] de la figura 4.5. Su esquema de conexionado se muestra en la figura 4.6. En este caso, se utilizarán dos vatímetros monofásicos.

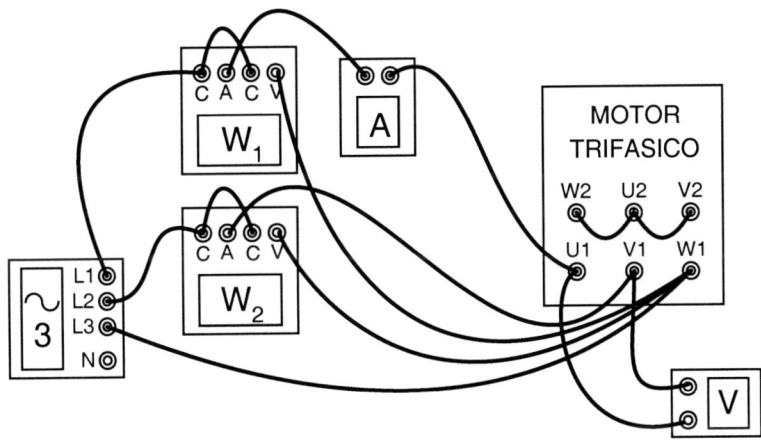

Figura 4.6: Esquema de conexionado del segundo montaje de la actividad 1. Método de Aron.

b) Anotar en la tabla 4.3 las lecturas del voltímetro, del amperímetro y las de los dos vatímetros.

---

[3]No olvidar utilizar uno de los métodos descritos anteriormente para efectuar el arranque del motor sin dañar las bobinas amperimétricas de los vatímetros.

U (V)	I (A)	W_1 (W)	W_2 (W)

Tabla 4.3: Lecturas obtenidas en el segundo montaje de la actividad 1. Método de Aron.

4.3.3 CUESTIONES

1. Determinar la potencia activa trifásica absorbida por el motor trifásico utilizando el método del neutro artificial y utilizando el método de los dos vatímetros. Anotar en la tabla 4.4 los resultados y compararlos entre sí. En caso de que exista una discrepancia apreciable, justificar razonadamente la posible razón de ello.

2. Con las medidas obtenidas usando el método de los dos vatímetros, calcular la potencia reactiva que el motor precisa para su funcionamiento. Así mismo calcular su factor de potencia. Anotar en la tabla 4.4 los resultados obtenidos.

Método	P (W)	Q (var)	$\cos\varphi$
Neutro artificial		-	-
Aron			

Tabla 4.4: Resultados obtenidos en la actividad 1. Medida de potencia en un sistema equilibrado.

4.4. ACTIVIDAD 2: MEJORA DEL FACTOR DE POTENCIA EN UN SISTEMA EQUILIBRADO

En esta actividad se comprobarán los efectos que produce la mejora del factor de potencia, mediante un banco de condensadores, sobre la tensión, la intensidad y las potencias de un receptor inductivo. De esta forma, se podrán deducir los beneficios que esto proporciona al sistema eléctrico.

4.4.1 EQUIPOS NECESARIOS

1. Fuente de tensión trifásica de 220 V y 50 Hz.

2. Motor trifásico.

3. Equipos de medida: amperímetro, voltímetro y vatímetros.

4. Banco trifásico de condensadores variables.

5. Cables de conexionado.

4.4.2 REALIZACIÓN

1. Realizar el montaje [4] de la figura 4.7, cuyo esquema de conexionado se muestra en la figura 4.8.

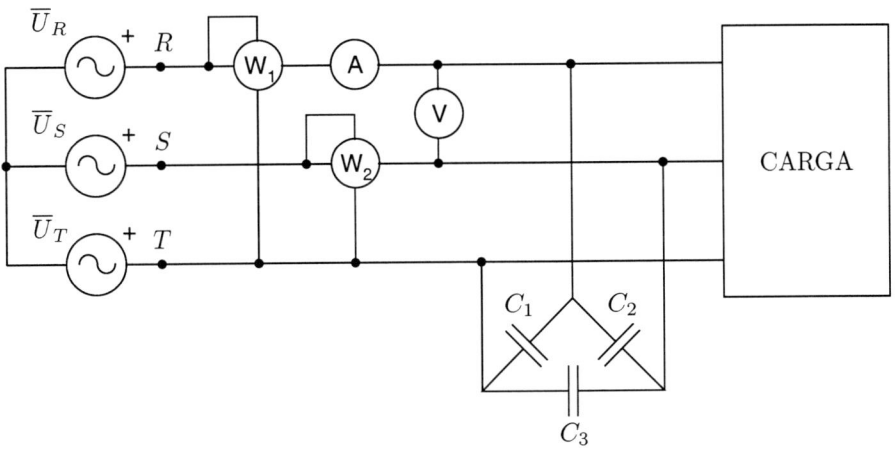

Figura 4.7: Montaje de la actividad 2. Mejora del factor de potencia en un sistema equilibrado.

---

[4]No olvidar utilizar uno de los métodos descritos anteriormente para efectuar el arranque del motor sin dañar las bobinas amperimétricas de los vatímetros.

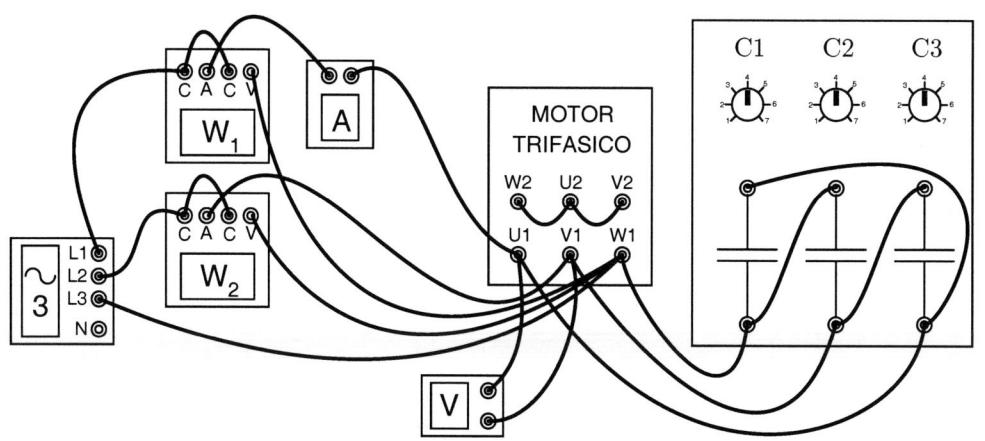

Figura 4.8: Esquema de conexionado de la Actividad 2. Mejora del factor de potencia en un sistema equilibrado.

2. Variar la capacidad del banco de condensadores hasta conseguir un factor de potencia próximo a la unidad. Una vez alcanzada dicha condición, anotar en la tabla 4.5 las lecturas del voltímetro, del amperímetro y la de los dos vatímetros.

Selectores	U (V)	I (A)	W_1 (W)	W_2 (W)

Tabla 4.5: Lecturas obtenidas en la actividad 2. Mejora del factor de potencia en un sistema equilibrado.

4.4.3 CUESTIONES

1. Con las medidas obtenidas, calcular la potencia activa, reactiva y el factor de potencia del conjunto motor-condensadores. Anotar en la tabla 4.6 los resultados obtenidos y compararlos con los los obtenidos en la actividad 1.

2. Calcular la potencia reactiva que está suministrando el banco de condensadores. Anotar el resultado en la tabla 4.6.

Selectores	P (W)	Q_N (var)	$\cos\varphi$	Q_C (var)

Tabla 4.6: Resultados obtenidos en la actividad 2. Mejora del factor de potencia en un sistema equilibrado.

3. A partir de la posición de los selectores y de las correspondientes capacidades de la tabla 0.3, calcular teóricamente la potencia reactiva que deberían estar suministrando los condensadores. Comparar el resultado con el obtenido en el apartado anterior.

4.5. Cálculos y Observaciones

PRÁCTICA 5

TRANSFORMADOR MONOFÁSICO. ENSAYOS

Contenido

5.1. OBJETIVOS

- Realizar los ensayos necesarios para la obtención del circuito equivalente del transformador así como otras características adicionales.

5.2. FUNDAMENTOS TEÓRICOS

5.2.1 PRINCIPIO DE FUNCIONAMIENTO

El transformador monofásico es una máquina eléctrica constituida por dos circuitos eléctricos (devanados o arrollamientos) de baja resistencia eléctrica y acoplados magnéticamente a través de un núcleo de alta permeabilidad magnética. El devanado que se conecta a la fuente de alimentación recibe el nombre de devanado primario, mientras que el devanado que se conecta a la carga eléctrica recibe el nombre de devanado secundario.

En la figura 5.1 se ha incluido una representación esquemática de la constitución de un transformador monofásico, donde se muestran los dos devanados arrollados a un núcleo magnético. El devanado primario tiene N_1 espiras y el devanado secundario N_2 espiras.

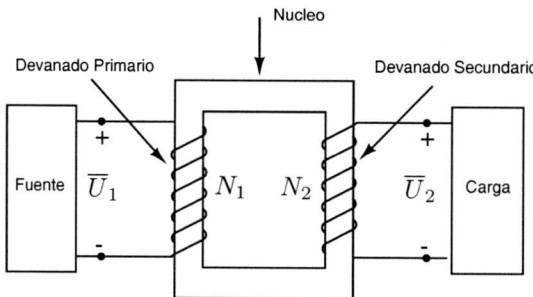

Figura 5.1: Configuración básica de un trasformador monofásico.

Su funcionamiento se basa en la existencia de un flujo magnético variable que induce en cada circuito eléctrico una fuerza electromotriz (E_1 y E_2, respectivamente) cuya relación de módulos es igual a la relación de espiras (figura 5.1):

$$\frac{U_1}{U_2} \approx \frac{E_1}{E_2} = \frac{N_1}{N_2} \tag{5.1}$$

5.2.2 CIRCUITO EQUIVALENTE

Con objeto de analizar el funcionamiento de un transformador, tanto de forma aislada o como parte integrante de un sistema de potencia, resulta muy útil conocer un circuito equivalente que modele su comportamiento.

En la figura 5.2 se ha representado el circuito equivalente exacto, donde el significado de cada uno de los parámetros del mismo es el siguiente:

R_1, R_2 son las resistencias eléctricas del devanado primario y secundario respectivamente.

X_1, X_2 son las inductancias correspondientes a los flujos de dispersión del devanado primario y secundario respectivamente.

R_H es la resistencia eléctrica que modela las pérdidas en el núcleo magnético (por histéresis y corrientes de Foucault).

X_μ es la inductancia que modela el efecto del flujo útil en el núcleo magnético.

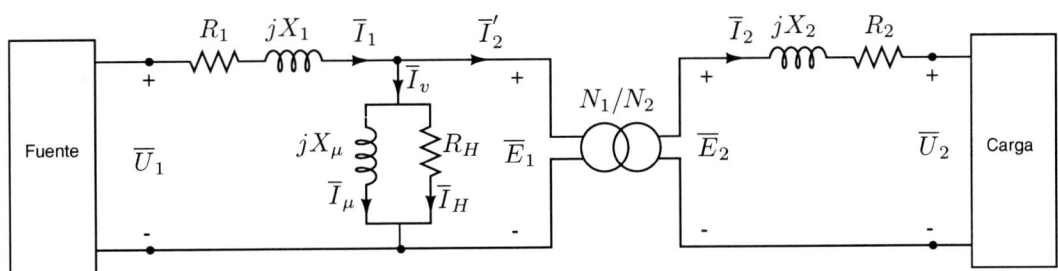

Figura 5.2: Circuito equivalente exacto del transformador en carga.

Para evitar trabajar con un circuito primario y un circuito secundario entre los que no existe continuidad eléctrica, y por tanto, con dos conjuntos distintos de tensiones e intensidades, se suelen referir todas las magnitudes bien al devanado primario o bien al devanado secundario. Además, como la tensión de alimentación y la fuerza electromotriz (f.e.m.) inducida en el devanado primario son prácticamente iguales, se suele emplear un circuito equivalente aproximado que resulta mas fácil de utilizar y cuyos resultados se aproximan suficientemente a la realidad.

En las figuras 5.3 y 5.4 se representa el circuito equivalente aproximado del transformador referido al devanado primario y al devanado secundario, respectivamente, donde:

$$R_{01} = R_1 + R_2' = R_1 + R_2 \cdot \left(\frac{N_1}{N_2}\right)^2 \quad ; \quad X_{01} = X_1 + X_2' = X_1 + X_2 \cdot \left(\frac{N_1}{N_2}\right)^2$$

$$R_{02} = R_1' + R_2 = R_1 \cdot \left(\frac{N_2}{N_1}\right)^2 + R_2 \quad ; \quad X_{02} = X_1' + X_2 = X_1 \cdot \left(\frac{N_2}{N_1}\right)^2 + X_2$$

$$(5.2)$$

son las resistencias e inductancias de cortocircuito. Además:

$$\overline{U}_2' = \overline{U}_2 \cdot \frac{N_1}{N_2} \quad ; \quad \overline{I}_2' = \overline{I}_2 \cdot \frac{N_2}{N_1} \quad ; \quad \overline{U}_1' = \overline{U}_1 \cdot \frac{N_2}{N_1} \quad ; \quad \overline{I}_1' = \overline{I}_1 \cdot \frac{N_1}{N_2} \qquad (5.3)$$

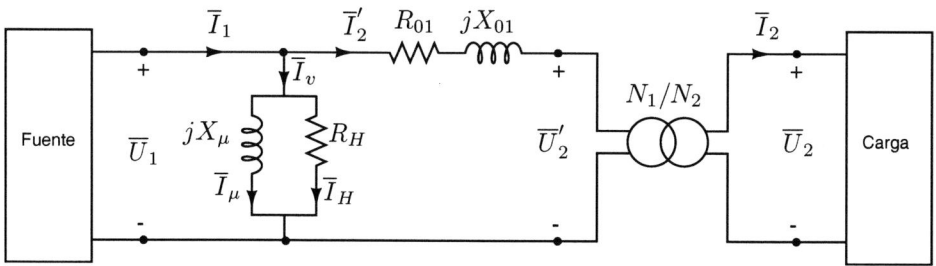

Figura 5.3: Circuito equivalente aproximado referido al primario.

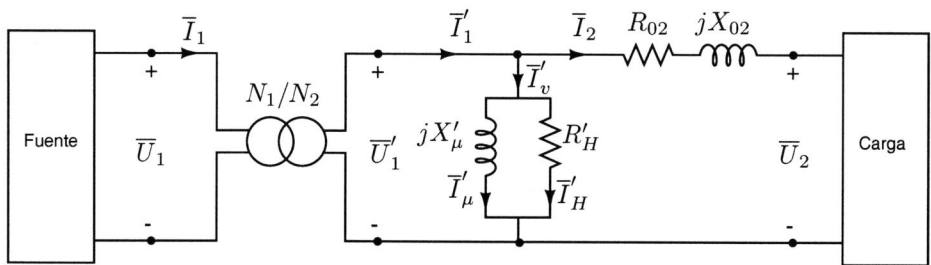

Figura 5.4: Circuito equivalente aproximado referido al secundario.

Es importante destacar que el circuito equivalente aproximado del transformador, obtenido tal y como se ha expuesto anteriormente, conserva el valor de la fuerza magnetomotriz en el núcleo así como las condiciones energéticas.

5.2.3 Ensayos

La determinación de los parámetros característicos del circuito equivalente aproximado del transformador se realiza mediante los denominados ensayos de *vacío* y de *cortocircuito*. Los fundamentos teóricos de dichos ensayos se exponen a continuación.

Ensayo de vacío

El ensayo de vacío de un transformador monofásico permite conocer los valores de los parámetros del circuito magnético (R_H y X_μ). Este ensayo se realiza alimentando uno de los devanados a su tensión y frecuencia asignada, dejando el otro devanado en circuito abierto. Hay que destacar que el ensayo se puede realizar, indistintamente, por el lado de mayor tensión o por el lado de menor tensión, independientemente de que actúe como primario o como secundario en el funcionamiento de la máquina. En la figura 5.5 se muestra el esquema del ensayo de vacío realizado sobre el devanado primario y en la que aparecen representados los aparatos de medida necesarios.

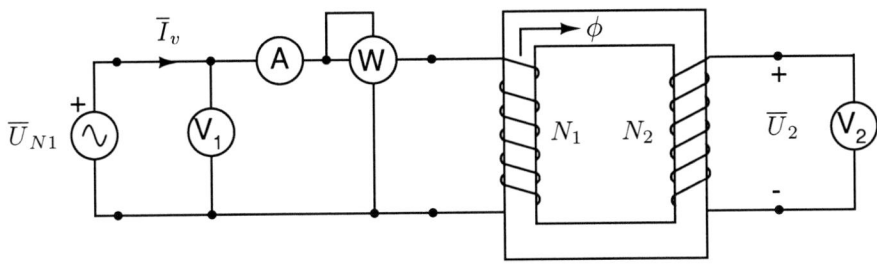

Figura 5.5: Esquema eléctrico correspondiente al ensayo de vacío.

En este ensayo, tal y como se indica en la figura 5.5, la potencia medida por el vatímetro es la suma de las pérdidas en el hierro (P_H) y las pérdidas por efecto Joule en el devanado primario ($R_1 \cdot I_v^2$). Como la intensidad absorbida por un transformador en vacío oscila normalmente entre el 1 % y el 5 % de la intensidad asignada, y teniendo en cuenta el pequeño valor de la resistencia de los arrollamientos, generalmente se verifica que,

$$R_1 \cdot I_v^2 << P_H \tag{5.4}$$

y por consiguiente, en este ensayo se puede admitir, sin cometer gran error, que la potencia medida por el vatímetro (P_v) corresponde a las pérdidas en el hierro:

$$P_v = U_{N1} \cdot I_v \cdot cos\varphi_v \approx P_H \tag{5.5}$$

De esta forma, el circuito equivalente correspondiente al ensayo de vacío realizado por el primario es el mostrado en la figura 5.6.

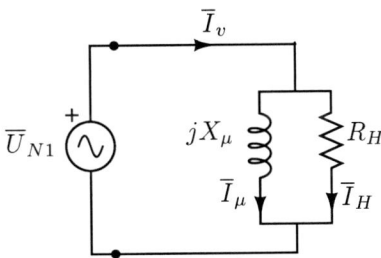

Figura 5.6: Circuito equivalente del ensayo de vacío.

A partir de la lectura de los voltímetros 1 y 2 (figura 5.5), se determina la relación de transformación:

$$m = \frac{U_{N1}}{U_{N2}} \tag{5.6}$$

A su vez, las lecturas del vatímetro, del voltímetro 1 y del amperímetro permiten determinar R_H y X_μ:

$$\cos \varphi_v = \frac{P_v}{U_{N1} \cdot I_v} \quad \Rightarrow \quad \left\{ \begin{array}{l} I_H = I_v \cdot \cos \varphi_v \\ I_\mu = I_v \cdot \sin \varphi_v \end{array} \right\} \quad \rightsquigarrow \quad \left\{ \begin{array}{l} R_H = \dfrac{U_{N1}}{I_H} \\[2ex] X_\mu = \dfrac{U_{N1}}{I_\mu} \end{array} \right. \tag{5.7}$$

Una forma alternativa de obtener R_H y X_μ es la siguiente:

$$\cos \varphi_v = \frac{P_v}{U_{N1} \cdot I_v} \quad \Rightarrow \quad Q_v = P_v \cdot \tan \varphi_v \quad \rightsquigarrow \quad \left\{ \begin{array}{l} R_H = \dfrac{U_{N1}^2}{P_v} \\[2ex] X_\mu = \dfrac{U_{N1}^2}{Q_v} \end{array} \right. \tag{5.8}$$

ENSAYO DE CORTOCIRCUITO

El ensayo de cortocircuito de un transformador monofásico consiste en cortocircuitar uno de los devanados y alimentar el otro con una fuente de tensión regulable cuyo valor sea tal que por cada devanado circule una intensidad comprendida entre el 25 % y el 100 % de su intensidad asignada.

En la figura 5.7 se representa el esquema básico del ensayo de cortocircuito, en el que aparecen representados los aparatos de medida necesarios.

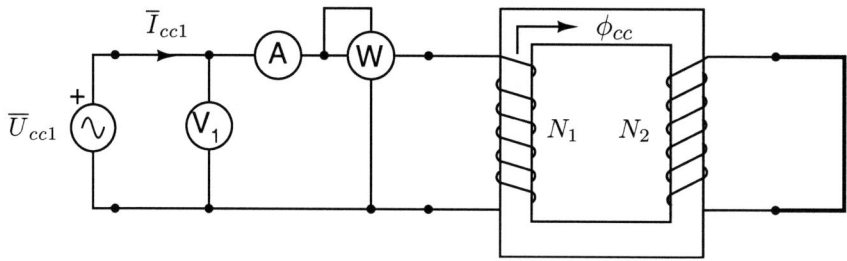

Figura 5.7: Esquema eléctrico correspondiente al ensayo de cortocircuito.

De igual forma, es indiferente realizar el ensayo cortocircuitando bien el devanado primario ó bien el devanado secundario.

En este tipo de ensayo, la tensión aplicada es mucho menor que la tensión asignada de la máquina ($4 \div 20\,\% \, de \, U_N$), lo que implica que la inducción en el núcleo tenga un valor reducido. Por tanto, en este régimen de funcionamiento las pérdidas en el núcleo se pueden considerar despreciables frente a las pérdidas Joule en los devanados. De esta forma, el vatímetro mide las pérdidas en el transformador por efecto Joule:

$$P_{cc} = P_j \tag{5.9}$$

Además, debido al reducido valor de la inducción en el núcleo, la corriente magnetizante (I_μ) también será reducida. En consecuencia, la corriente que circula por la rama de vacío será despreciable frente a la intensidad que absorbe el transformador (I_{cc1}). De esta manera, el circuito equivalente correspondiente al ensayo de cortocircuito alimentando a la máquina por el devanado primario es el mostrado en la figura 5.8.

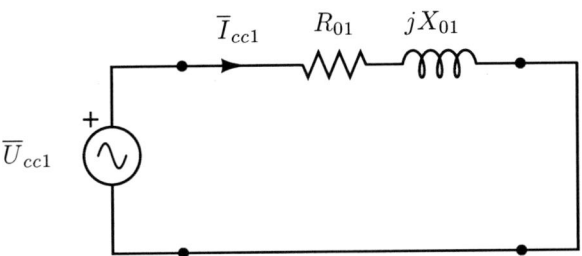

Figura 5.8: Circuito equivalente del ensayo de cortocircuito.

A partir de las lecturas del vatímetro, del voltímetro y del amperímetro, se determina R_{01} y X_{01}:

$$\left.\begin{aligned}\cos\varphi_{cc} &= \frac{P_{cc}}{U_{cc1} \cdot I_{cc1}} \\[2mm] Z_{01} &= \frac{U_{cc1}}{I_{cc1}}\end{aligned}\right\} \quad \leadsto \quad \left\{\begin{aligned} R_{01} &= Z_{01} \cdot \cos\varphi_{cc} \\ X_{01} &= Z_{01} \cdot \sin\varphi_{cc}\end{aligned}\right. \tag{5.10}$$

Una forma alternativa de obtener R_{01} y X_{01}, es la siguiente:

$$\cos\varphi_{cc} = \frac{P_{cc}}{U_{cc1} \cdot I_{cc1}} \quad \Rightarrow \quad Q_{cc} = P_{cc} \cdot \tan\varphi_{cc} \quad \leadsto \quad \left\{\begin{aligned} R_{01} &= \frac{P_{cc}}{I_{cc1}^2} \\[2mm] X_{01} &= \frac{Q_{cc}}{I_{cc1}^2}\end{aligned}\right. \tag{5.11}$$

Si el ensayo de cortocircuito se realiza haciendo circular la intensidad asignada por los devanados entonces se puede determinar la *tensión porcentual de cortocircuito a la intensidad asignada* según,

$$u_{cc} = \frac{U_{cc1}}{U_{N1}} \cdot 100 = \frac{U_{cc2}}{U_{N2}} \cdot 100 \tag{5.12}$$

cuyo valor no depende del devanado por el que se realice el ensayo. Este es uno de los valores mas importantes de los transformadores de potencia.

5.3. DESCRIPCIÓN DEL TRANSFORMADOR EMPLEADO

El transformador monofásico empleado en esta práctica se muestra en la figura 5.9.

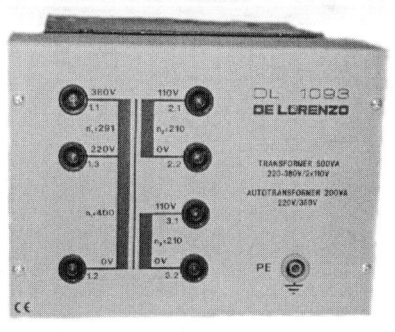

(a) Vista frontal.

(b) Vista trasera.

Figura 5.9: Transformador monofásico.

Según se aprecia en la figura 5.9(b), todas las bobinas se encuentran arrolladas sobre una columna central. Este tipo de disposición, denominado acorazado, es de las más utilizadas ya que confiere una mayor protección mecánica a las bobinas.

La vista frontal del transformador se detalla esquemáticamente en la figura 5.10. En ella se aprecia que el transformador posee tres bobinas, las cuales se describen a continuación:

- Una bobina (terminales 1.1 y 1.2) de 691 espiras en total, con una toma intermedia (1.3) situada a 400 espiras de uno de los extremos. La tensión asignada de esta bobina es de 380 V entre los puntos 1.1 y 1.2, y de 220 V entre los puntos 1.3. y 1.2.

- Dos bobinas idénticas (terminales 2.1-2.2 y 3.1-3.2), cada una de ellas con 210 espiras y una tensión asignada de 110 V.

Conectando convenientemente el conjunto de bobinas descrito, se pueden obtener las siguientes configuraciones:

✓ Transformador de relación de tensiones 380/110 V.

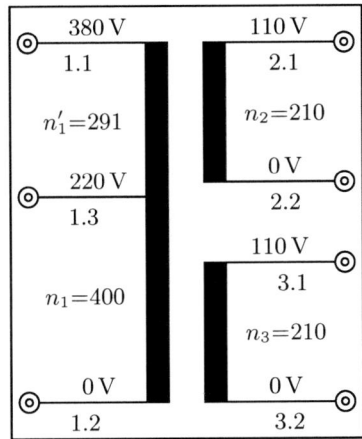

Figura 5.10: Placa de conexiones del transformador.

✓ Transformador de relación de tensiones 380/220 V.

✓ Transformador de relación de tensiones 220/110 V.

✓ Transformador de relación de tensiones 220/220 V.

En todas estas configuraciones la potencia asignada del transformador es de 500 VA.

A modo de ejemplo, a continuación se ilustra el esquema de conexionado para obtener dos de los transformadores citados anteriormente.

El primero de ellos corresponde a un transformador de relación de tensiones 220/220 V. Este tipo de transformadores que tienen la misma tensión asignada en ambos devanados, se denominan comúnmente transformadores de aislamiento ya que su principal función es la de separar galvánicamente las dos redes a las que conecta entre sí. Por tanto, en este caso es indiferente donde se conecte la carga o la fuente de alimentación. En la figura 5.11 se muestra el esquema de conexionado correspondiente a este transformador.

El segundo ejemplo corresponde a un transformador de relación de tensiones 220/110 V. En este caso, es importante donde se conecte la fuente (y por tanto la carga) ya que esto da lugar a dos posibles modos de funcionamiento del transformador. Si la fuente se conecta al devanado de 220 V entonces el modo de trabajo es como transformador reductor, tal y como se muestra en el esquema de conexionado de la figura 5.12. Si la fuente se conecta en el devanado de 110 V, entonces el modo de trabajo es como transformador elevador, tal y como se muestra en el esquema de conexionado de la figura 5.13.

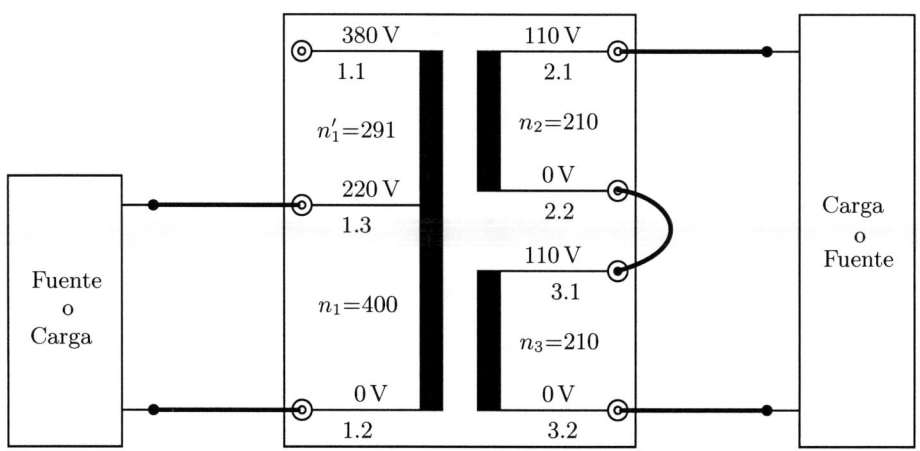

Figura 5.11: Transformador de aislamiento de relación de tensiones 220/220 V.

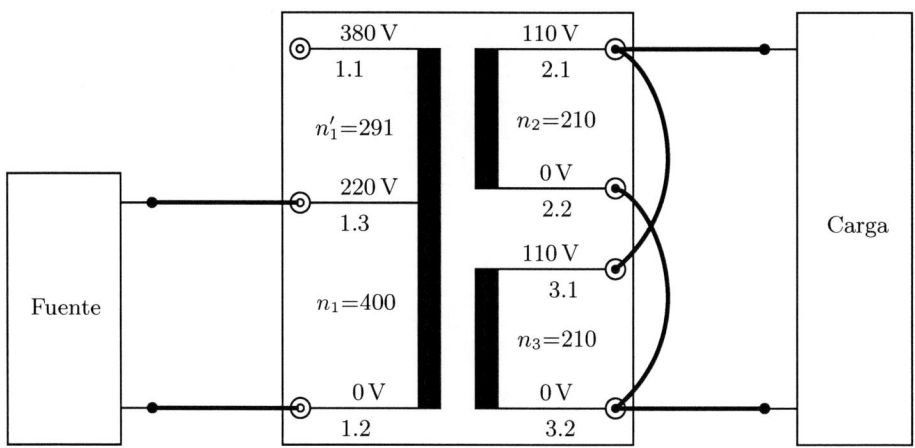

Figura 5.12: Transformador reductor de relación de tensiones 220/110 V.

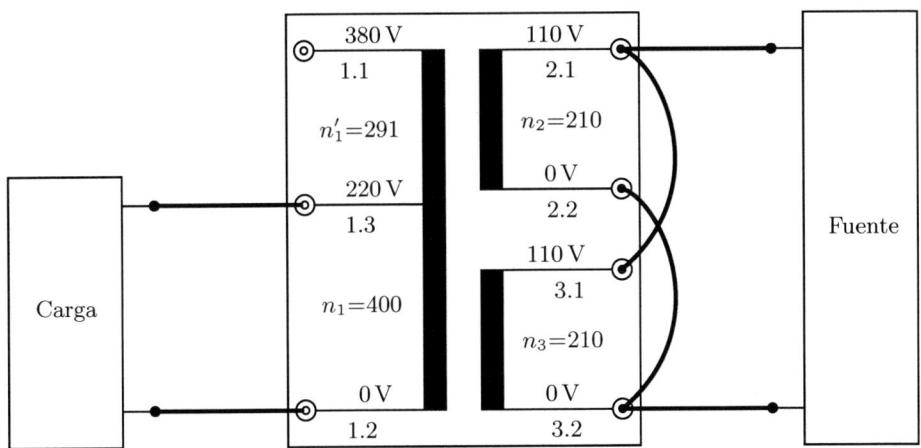

Figura 5.13: Transformador elevador de relación de tensiones 220/110 V.

5.4. ACTIVIDAD 1: CONEXIÓN DEL TRANSFORMADOR

El objetivo principal de esta actividad es realizar las conexiones necesarias en un transformador monofásico, con tomas intermedias, para obtener una relación de transformación determinada, identificando el arrollamiento primario y secundario.

5.4.1 REALIZACIÓN

Representar gráficamente en la figura 5.14 las conexiones necesarias para obtener un transformador cuya relación de tensiones sea 380/220 V.

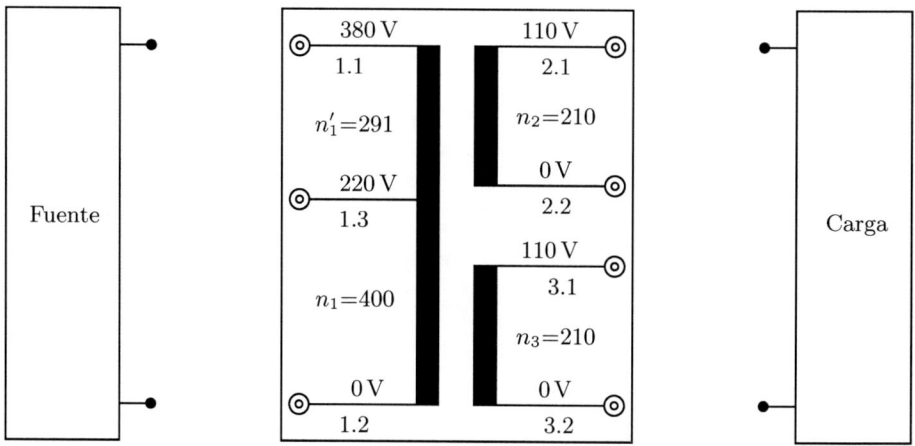

Figura 5.14: Actividad 1. Esquema de conexionado del transformador.

Esta configuración se mantendrá en el desarrollo de todas las actividades de esta práctica.

5.4.2 CUESTIONES

1. Deducir si el modo de trabajo del transformador es como reductor o como elevador.

2. Obtener la intensidad asignada del primario y del secundario. Anotar los resultados en la tabla 5.1.

I_{N1} (A)	I_{N2} (A)

Tabla 5.1: Actividad 1. Intensidades asignadas del transformador.

5.5. ACTIVIDAD 2: ENSAYO DE VACÍO

Esta actividad tiene como objetivo mostrar como se realiza en el laboratorio el ensayo de vacío de un transformador monofásico. Se pondrá especial atención en la correcta conexión de los equipos de medida y en la obtención de la resistencia de pérdidas en el hierro e inductancia de magnetización a partir de dichas medidas.

5.5.1 EQUIPOS NECESARIOS

1. Fuente de alimentación monofásica de 380 V.

2. Transformador.

3. Equipos de medida: voltímetros, amperímetro y vatímetro.

4. Cables de conexionado.

5.5.2 REALIZACIÓN

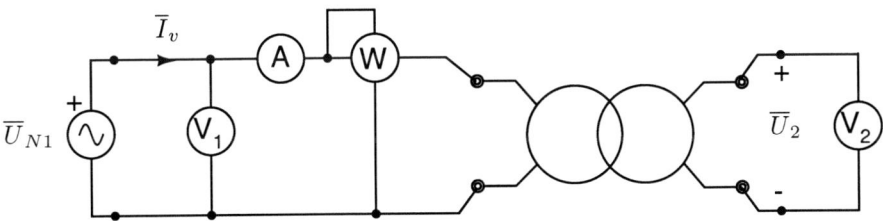

Figura 5.15: Montaje para el ensayo de vacío.

1. Realizar el montaje de la figura 5.15 considerando que el ensayo se realiza aplicando una fuente de tensión de 380 V.

2. Anotar en la tabla 5.2 las lecturas de los dos voltímetros, del amperímetro y la del vatímetro.

U_1 (V)	U_2 (V)	I_v (A)	P_v (W)

Tabla 5.2: Actividad 2. Ensayo de vacío. Lecturas obtenidas.

5.5.3 CUESTIONES

1. Obtener la relación de transformación real (m). Hay que tener en cuenta que, según la norma UNE-EN 60076-1, m debe ser mayor o igual que la unidad.

2. Calcular los valores de R_H y X_μ. Anotar los resultados en la tabla 5.4.

5.6. ACTIVIDAD 3: ENSAYO DE CORTOCIRCUITO

Esta actividad tiene como objetivo mostrar como se realiza en el laboratorio el ensayo de cortocircuito de un transformador monofásico. Se pondrá especial atención en la correcta conexión de los equipos de medida y en la obtención, a partir de dichas medidas, de la resistencia e inductancia de dispersión de los arrollamientos.

5.6.1 EQUIPOS NECESARIOS

1. Fuente de alimentación monofásica de tensión variable.

2. Transformador.

3. Equipos de medida: voltímetro, amperímetro y vatímetro.

4. Cables de conexionado.

5.6.2 REALIZACIÓN

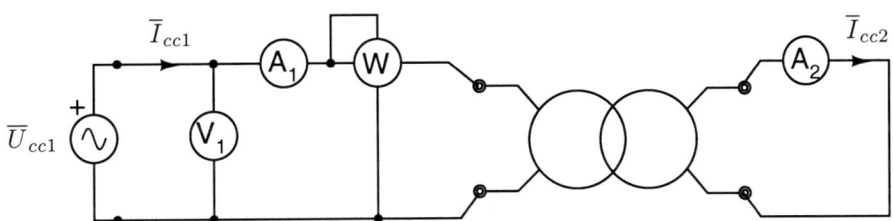

Figura 5.16: Actividad 3. Montaje para el ensayo de cortocircuito.

1. Realizar el montaje de la figura 5.16 considerando que la fuente de tensión se conecta al devanado de 380 V.

2. Partiendo de un valor nulo, ir aumentando progresivamente la tensión de alimentación hasta que por ambos devanados circule su intensidad asignada.

3. Anotar en la tabla 5.3 las lecturas del voltímetro, de los amperímetros y la del vatímetro.

U_{cc1} (V)	I_{cc1} (A)	I_{cc2} (A)	P_{cc} (W)

Tabla 5.3: Actividad 3. Ensayo de cortocircuito. Lecturas obtenidas.

5.6.3 CUESTIONES

1. ¿Que relación existe entre I_{cc1} e I_{cc2}?.

2. Obtener el valor de R_{01} y X_{01}.

3. Obtener el valor de R_{02} y X_{02}.

4. Obtener la tensión porcentual de cortocircuito a la intensidad asignada.

5. Representar el circuito equivalente aproximado del transformador referido al devanado primario.

6. Idem que el apartado anterior pero referido al devanado secundario.

Anotar los resultados en la tabla 5.4.

m	R_H (Ω)	X_μ (Ω)	R_{01} (Ω)	X_{01} (Ω)	R_{02} (Ω)	X_{02} (Ω)	u_{cc} (%)

Tabla 5.4: Actividad 2 y 3. Resultados.

5.7. CÁLCULOS Y OBSERVACIONES

PRÁCTICA 6

Motor Trifásico de Inducción. Ensayos

Contenido

6.1. OBJETIVOS

- Realizar los ensayos necesarios para la obtención del circuito equivalente del motor de inducción.

- Aprender a determinar las distintas pérdidas que se producen en la máquina asíncrona y calcular el rendimiento.

6.2. FUNDAMENTOS TEÓRICOS

La máquina de **inducción** o **asíncrona** fue desarrollada a finales del siglo XIX por Tesla, Ferraris y Dobrowolsky. Como toda máquina eléctrica rotativa, la máquina asíncrona puede funcionar como generador y como motor. En esta práctica sólo se tratará el funcionamiento como motor ya que es el modo más extendido en el ámbito industrial debido a su robustez y pocas necesidades de mantenimiento.

El motor de inducción es un convertidor electromecánico cuya misión es convertir energía eléctrica en energía mecánica. Ahora bien, como toda máquina eléctrica real, no toda la energía eléctrica consumida se transforma en energía mecánica. Parte de la energía se almacena en forma de campo electromagnético y en forma de inercia mecánica, mientras que el resto son pérdidas que se producen en la máquina, fundamentalmente en sus circuitos eléctricos y en su núcleo magnético.

Aunque el funcionamiento más común de la máquina asíncrona sea trabajando como motor (cerca del 40 % de la energía generada en el mundo la consumen este tipo de motores), también puede funcionar como generador (por ejemplo los aerogeneradores de los parques eólicos, minicentrales hidráulicas, etc.).

6.2.1 CONSTITUCIÓN

Las máquinas asíncronas o de inducción constan de una parte móvil (rotor) y una parte fija (estátor), separadas por un pequeño espacio de aire denominado entrehierro. En el estátor y en el rotor se instalan, respectivamente, cada uno de los dos circuitos eléctricos de los que consta esta máquina.

El estátor (figura 6.1) está formado por un conjunto de chapas magnéticas apiladas y aisladas entre sí para disminuir las pérdidas por corrientes parásitas o de Foucault. En él se practican una serie de ranuras uniformemente distribuidas donde se alojan los conductores del devanado o bobinado estatórico.

A su vez, el rotor (figura 6.2) está formado por un conjunto de chapas magnéticas apiladas a modo de cilindro y, al igual que en el estátor, en él se practican una serie de ranuras distribuidas uniformemente y en las que se alojan los conductores del devanado rotórico.

Figura 6.1: Estátor.   **Figura 6.2:** Rotor.

Industrialmente existen dos ejecuciones posibles del devanado rotórico: rotor de jaula de ardilla y rotor bobinado o de anillos rozantes. En el primer caso, se encastran barras conductoras (generalmente de aluminio o de cobre) en las ranuras y se cortocircuitan sus extremos, adoptando la forma de jaula (figura 6.2). En el segundo caso, se realiza un devanado de forma similar al realizado en el devanado estátorico, cuyos extremos libres son accesibles externamente a la máquina mediante unos anillos rozantes.

La configuración de jaula de ardilla es la más extendida y será la que se considere en esta práctica.

6.2.2 PRINCIPIO DE FUNCIONAMIENTO

Si las bobinas que forman el devanado estatórico se alimentan desde una red trifásica equilibrada, en ellas se genera un sistema de corrientes equilibrado que, en virtud del teorema de Ferraris, produce un campo magnético de distribución sinusoidal y **giratorio** en el entrehierro, cuyo valor máximo permanece constante.

La velocidad angular de dicho campo magnético giratorio, denominada velocidad de sincronismo, viene dada por la siguiente expresión:

$$n_e = \frac{60 \cdot f}{p} \tag{6.1}$$

donde, n_e se mide en revoluciones por minuto (rpm), f es la frecuencia (Hertzios) de la fuente de alimentación y p es el número de pares de polos de la máquina.

Según la ley de Faraday, éste campo magnético giratorio induce en los conductores del rotor una fuerza electromotriz sinusoidal. Estas fuerzas electromotrices originarán la circulación de corrientes sinusoidales por cada uno de dichos conductores. A su vez, estas corrientes rotóricas crean otro campo magnético que gira con respecto al rotor a la velocidad de deslizamiento $n_e - n$ y con respecto al estátor a la velocidad de sincronismo n_e.

Los campos magnéticos giratorios estatórico y rotórico dan lugar a un único campo magnético giratorio en el entrehierro cuya acción sobre las corrientes rotóricas origina un par motor que tiende a hacer girar al eje del motor. Si el par motor es superior al par resistente, el rotor girará siguiendo al campo magnético resultante a una velocidad inferior a la de sincronismo, ya que si alcanzase dicha velocidad no se inducirían fuerzas electromotrices en el rotor y en consecuencia, el par motor sería nulo.

El rotor, por tanto, siempre gira a velocidades ligeramente inferiores a la de sincronismo, razón por la cual a esta máquina se le denomina también asíncrona. En este sentido, se define el concepto de **deslizamiento** como:

$$s = \frac{n_e - n}{n_e} \tag{6.2}$$

El deslizamiento es 1 cuando el motor está parado y sería 0 cuando girase a la velocidad de sincronismo (n_e). Este último caso nunca ocurre en el funcionamiento real como motor, ya que entonces el campo que atravesaría el rotor seria constante y no habría inducción de fuerzas electromotrices rotóricas. Como consecuencia no aparecerían corrientes rotóricas y el par sería nulo. De esta forma, el motor se frenaría por acción del par resistente de carga o de las pérdidas mecánicas (rozamiento y ventilación).

6.2.3 CIRCUITO EQUIVALENTE

Al igual que en el caso del transformador, resulta útil modelar la máquina asíncrona mediante un circuito equivalente que permita analizar su comportamiento bajo diversos regímenes de carga. Para facilitar su obtención, en primer lugar se considerará que el devanado rotórico está en circuito abierto para posteriormente pasar a analizar el caso en el que el devanado rotórico esté en cortocircuito.

Si se alimenta el devanado estatórico con un sistema trifásico equilibrado de tensiones de frecuencia f, estando el devanado rotórico en circuito abierto, las fuerzas electromotrices inducidas en ambos devanados (estatórico y rotórico) tienen la misma frecuencia (f), y el valor eficaz de cada una de ellas es el siguiente:

$$\begin{aligned} E_e &= 4{,}44 \cdot K_e \cdot N_e \cdot f \cdot \phi_{ra} \\ E_r &= 4{,}44 \cdot K_r \cdot N_r \cdot f \cdot \phi_{ra} \end{aligned} \tag{6.3}$$

donde, K_e y K_r son factores que dependen de como se hayan efectuado los bobinados de los devanados estatórico y rotórico respectivamente; N_e y N_r son el número de espiras de los devanados estatórico y rotórico respectivamente; y ϕ_{ra} es el valor máximo del flujo útil en el entrehierro, que en este caso solo lo creará el devanado estatórico. Como el devanado rotórico está en circuito abierto no circulará corriente por él y en consecuencia, no girará el rotor de la máquina.

En estas condiciones, se puede plantear un circuito equivalente por fase similar al de un trasformador en vacío (figura 6.3).

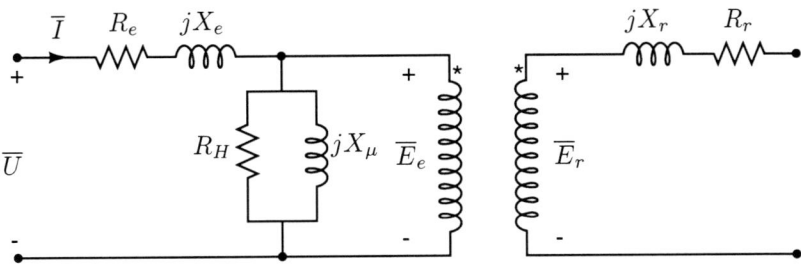

Figura 6.3: Circuito equivalente de la máquina asíncrona con el rotor en circuito abierto.

donde:

R_e es la resistencia eléctrica del devanado estatórico.

X_e es la inductancia correspondientes al flujo de dispersión del devanado estatórico.

R_H es la resistencia eléctrica que modela las pérdidas en el núcleo magnético (por histéresis y corrientes de Foucault).

X_μ es la inductancia que modela el efecto del flujo útil en el entrehierro.

R_r es la resistencia eléctrica del devanado rotórico.

X_r es la inductancia correspondientes al flujo de dispersión del devanado rotórico.

Si ahora se cortocircuita el devanado rotórico, el eje de la máquina girará a una velocidad (n) inferior a la de sincronismo (n_e). Según se ha visto en el apartado anterior, en el entrehierro de la máquina aparece una onda de campo magnético, resultante de la estatórica y rotórica, que gira con velocidad constante (n_e). Esta onda de campo magnético común a estátor y rotor induce en el estátor una fuerza electromotriz E_e, de frecuencia f, y en el rotor otra fuerza electromotriz E_{rs}, de frecuencia (f_{rs}), cuyos valores eficaces vienen dados por las siguientes expresiones:

$$E_e = 4{,}44 \cdot K_e \cdot N_e \cdot f \cdot \phi$$
$$E_{rs} = 4{,}44 \cdot K_r \cdot N_r \cdot f_{rs} \cdot \phi \tag{6.4}$$

donde,

$$f_{rs} = \frac{p \cdot (n_e - n)}{60} = s \cdot f \tag{6.5}$$

y por tanto:

$$E_{rs} = s \cdot E_r \tag{6.6}$$

Como la inductancia depende de la frecuencia, para el devanado rotórico se tendrá lo siguiente:

$$X_{rs} = L_r \cdot 2 \cdot \pi \cdot f_{rs} = s \cdot X_r \qquad (6.7)$$

En estas condiciones, se puede plantear un circuito equivalente por fase como el mostrado en la figura 6.4.

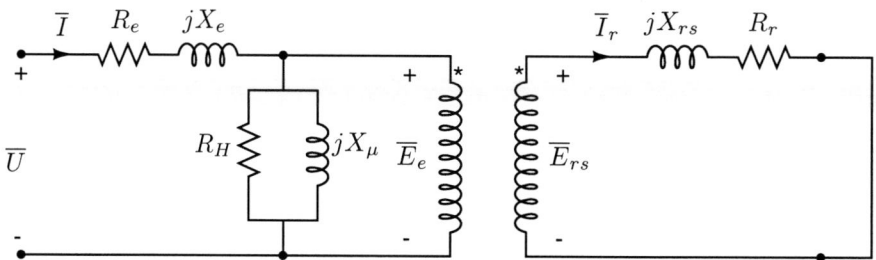

Figura 6.4: Circuito equivalente de la máquina asíncrona con el rotor en cortocircuito.

El circuito equivalente de la figura 6.4 tiene el inconveniente de que cada uno de los circuitos eléctricos a los que representa trabajan con frecuencias distintas: f para el devanado estatórico y f_{rs} para el devanado rotórico, la cual a su vez depende del deslizamiento. Este inconveniente se puede evitar sin mas que tener en cuenta que la intensidad rotórica se puede expresar en función del deslizamiento y de parámetros rotóricos a la frecuencia de alimentación (f) según:

$$I_r = \frac{s \cdot E_r}{\sqrt{R_r^2 + (s \cdot X_r)^2}} = \frac{E_r}{\sqrt{\left(\dfrac{R_r}{s}\right)^2 + X_r^2}} \qquad (6.8)$$

Obsérvese que en esta nueva expresión (6.8) obtenida para I_r ya no aparecen ni E_{rs} ni X_{rs} sino E_r y X_r que son las magnitudes que aparecían con el rotor parado. También se puede observar que para llevar a cabo esta transformación es necesario que el rotor tenga una nueva resistencia que de acuerdo con (6.8) es,

$$\frac{R_r}{s} = R_r + \underbrace{R_r \cdot \frac{1 - s}{s}}_{R_c} \qquad (6.9)$$

la cual se ha dividido en dos términos: R_r es la resistencia propia del rotor, y R_c es una resistencia ficticia llamada resistencia de carga. Esta resistencia de carga permite considerar el circuito equivalente como si estuviera fijo el secundario (reducción al reposo). Además el consumo de potencia de R_c se corresponde precisamente con la potencia mecánica disponible en el eje de la máquina [1].

Teniendo en cuenta la definición de R_c, la expresión (6.8) queda como sigue:

$$I_r = \frac{E_r}{\sqrt{(R_r + R_c)^2 + X_r^2}} \tag{6.10}$$

De esta forma, se obtiene el circuito equivalente de la figura 6.5 donde ahora las frecuencias de ambos circuitos (rotórico y estatórico) son idénticas e iguales a f.

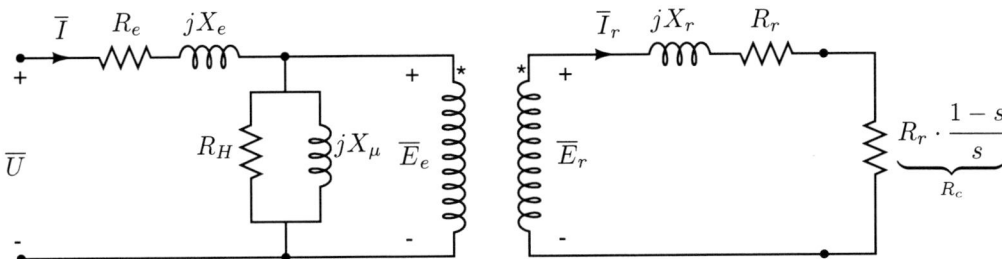

Figura 6.5: Circuito equivalente de la máquina asíncrona con el rotor en cortocircuito y reducido al reposo.

Para trabajar con un único circuito conexo y sin acoplamientos magnéticos es preciso introducir unos factores de transformación de tensiones, intensidades e impedancias que dejen invariables las potencias activas, reactivas y por tanto los desfases. Eligiendo convenientemente dichos factores, se pueden reducir los parámetros rotóricos al devanado estatórico, de manera similar a como se hizo en los transformadores, obteniéndose el circuito equivalente de la figura 6.6.

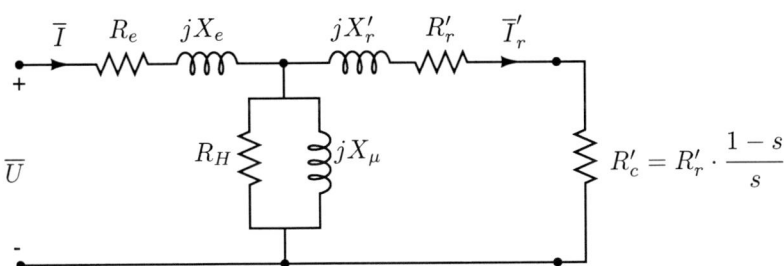

Figura 6.6: Circuito equivalente de la máquina asíncrona con el rotor en cortocircuito, reducido al reposo y al estátor.

Se obtiene una gran ventaja analítica si se traslada la rama de vacío a los terminales estatóricos, lo que da lugar al circuito equivalente aproximado del motor,

---

[1]La potencia disponible en el eje o potencia mecánica interna se invierte en vencer las pérdidas mecánicas por rozamientos y en proporcionar la potencia mecánica útil.

mostrado en la figura 6.7, donde:

$$R_{oe} = R_e + R'_r$$
$$X_{oe} = X_e + X'_r$$

(6.11)

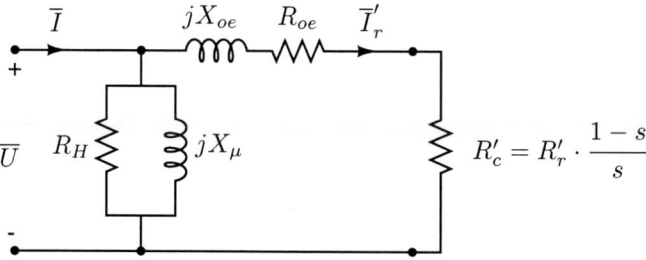

Figura 6.7: Circuito equivalente aproximado de la máquina asíncrona.

Los errores que se cometen con esta aproximación son superiores a los cometidos en caso del transformador; esto se debe a la presencia del entrehierro, que hace que la relación entre la corriente de vacío y la corriente de carga no sea tan pequeña como en el caso de los transformadores.

6.2.4 ENSAYOS

Con objeto de obtener los parámetros del circuito equivalente aproximado así como las pérdidas, es necesario someter a la máquina asíncrona a una serie de ensayos, los cuales se describen a continuación.

MEDIDA DE LA RESISTENCIA ESTATÓRICA

Para la medida de la resistencia del devanado estatórico se empleará el método voltiamperimétrico, que consiste en alimentar el devanado en el cual se quiere medir su resistencia con una fuente de corriente continua (de esta forma no interviene el efecto inductivo). Midiendo la caída de tensión en el devanado y la intensidad que lo atraviesa, se calcula, por medio de la ley de Ohm, el valor de la resistencia.

Este procedimiento tiene dos variantes, según sea el conexionado del voltímetro y del amperímetro. Si se conecta primero el voltímetro y después el amperímetro, se obtiene el esquema de la figura 6.8(a), denominado comúnmente *montaje largo*, y si se conecta primero el amperímetro y después el voltímetro, se obtiene el esquema de la figura 6.8(b), denominado *montaje corto*.

El montaje largo se utiliza cuando se trata de medir resistencias mucho mayores que la resistencia interior del amperímetro ($<0,1\,\Omega$) y el montaje corto se utiliza cuando se trata de medir resistencias mucho menores que la resistencia interior del

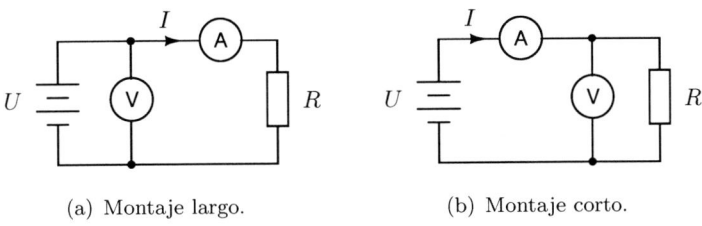

(a) Montaje largo.   (b) Montaje corto.

Figura 6.8: Medida de resistencia con voltímetro y amperímetro.

voltímetro ($>1\,000\,\Omega$). Este último montaje es el que se utilizará para medir la resistencia del devanado estatórico de la máquina asíncrona.

Cuando no se requiera mucha precisión, se puede utilizar un óhmetro para medir la resistencia estatórica.

ENSAYO CON ROTOR BLOQUEADO

En este ensayo se bloquea mecánicamente el eje de la máquina y se alimenta a tensión reducida el devanado estatórico, midiendo la tensión (U_{cc}), la intensidad (I_{cc}) y la potencia absorbida (P_{cc}). Como en este ensayo el rotor está parado ($n = 0$), entonces el deslizamiento es uno y por tanto la resistencia de carga (R'_c) es cero.

Por otro lado, la tensión aplicada a la máquina representa un pequeño porcentaje respecto a su tensión asignada (típicamente entre el 5 y el 10 %), por lo que el flujo creado tiene un valor reducido. De esta forma la intensidad que circula por la rama de vacío se puede suponer despreciable respecto a la intensidad total que absorbe de la red. En la figura 6.9 se muestra el circuito equivalente por fase para este ensayo, suponiendo que el estátor se encuentra conectado en estrella.

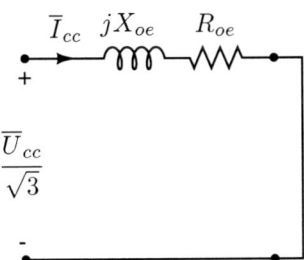

Figura 6.9: Circuito equivalente de la máquina asíncrona para el ensayo con rotor bloqueado.

Obsérvese que, en estas condiciones, la potencia medida P_{cc}, se corresponde con la suma de las pérdidas Joule en el estátor (P_{je}) y en el rotor (P_{jr}). De esta forma, a partir de los valores medidos en el ensayo se pueden determinar los valores de la resistencia (R_{oe}) e inductancia (X_{oe}) del circuito equivalente aproximado:

$$\cos\varphi_{cc} = \frac{P_{cc}}{\sqrt{3}\cdot U_{cc}\cdot I_{cc}} \quad ; \quad R_{oe} = \frac{P_{cc}}{3\cdot I_{cc}^2} \quad ; \quad X_{oe} = R_{oe}\cdot\tan\varphi_{cc} \qquad (6.12)$$

Dado que la resistencia estatórica se ha medido previamente, es inmediato calcular la resistencia rotórica:

$$R_r' = R_{oe} - R_e \qquad (6.13)$$

Ensayo con rotor girando en vacío

Este ensayo consiste en alimentar el devanado estatórico a su tensión asignada y sin carga mecánica en el eje. De esta forma, el eje de la máquina girará a una velocidad próxima a la de sincronismo. El único par resistente aplicado es el que corresponde a las pérdidas mecánicas debidas al rozamiento y la ventilación de la máquina. Estas pérdidas serán generalmente pequeñas de forma que la velocidad que se alcanza (n_v) será en general muy próxima a la de sincronismo y en consecuencia la resistencia de carga (R_c') tendrá un valor muy elevado.

En la figura 6.10 se muestra un circuito equivalente por fase para este ensayo, suponiendo que el estátor se encuentra conectado en estrella.

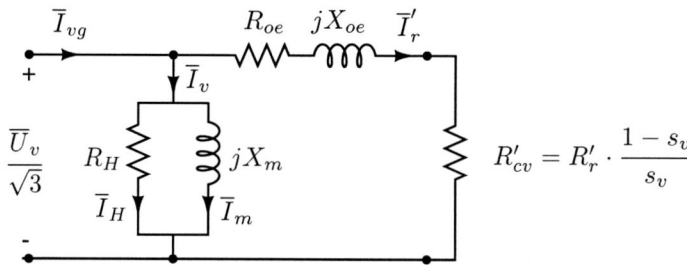

Figura 6.10: Circuito equivalente de la máquina asíncrona para el ensayo con rotor girando en vacío.

En este ensayo se mide se mide la tensión aplicada U_v, la intensidad consumida I_{vg}, la potencia absorbida P_{vg} y la velocidad rotórica n_v. Conocidos los parámetros de la rama serie $(R_e, R_r'$ y $X_{oe})$, determinada R_{cv}' y considerando que el estátor se encuentra conectado en estrella, entonces:

$$\overline{I}_{vg} = I_{vg}\angle-\varphi_{vg} \quad ; \quad \cos\varphi_{vg} = \frac{P_{vg}}{\sqrt{3}\cdot U_v\cdot I_{vg}}$$

Por otro lado:

$$\overline{I}_v = \overline{I}_{vg} - \overline{I}_r' = \overline{I}_{vg} - \frac{\overline{U}_v/\sqrt{3}}{(R_{oe}+R_{cv}')+j\cdot X_{oe}} = I_H - j\cdot I_m$$

Por tanto:

$$R_H = \frac{U_v/\sqrt{3}}{I_H} \quad ; \quad X_m = \frac{U_v/\sqrt{3}}{I_m}$$

Además, con este ensayo se pueden determinar las pérdidas mecánicas según:

$$P_m = 3 \cdot R'_{cv} \cdot I'^2_r$$

6.2.5 BALANCE DE POTENCIAS

En un motor asíncrono existe una transformación de energía eléctrica en energía mecánica, que se transmite desde el estátor al rotor a través del entrehierro. En dicho proceso de conversión se producen inevitablemente una serie de pérdidas en las diferentes partes de la máquina.

En la figura 6.11 se muestra el flujo de potencias del motor asíncrono.

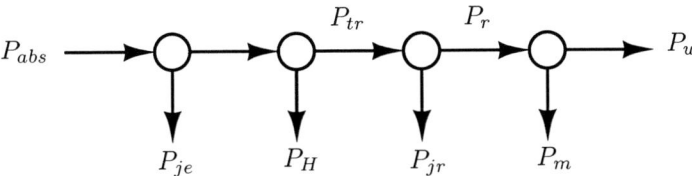

Figura 6.11: Balance de potencias en un motor asíncrono.

A continuación, se obtienen todos los términos de potencia teniendo en cuenta el circuito equivalente aproximado de la figura 6.7.

La potencia eléctrica que absorbe el motor trifásico de la red de alimentación viene dada por la siguiente expresión:

$$P_{abs} = 3 \cdot U \cdot I \cdot \cos\varphi \tag{6.14}$$

En el estátor, parte de la potencia absorbida (P_{abs}), se transforma en calor por efecto Joule en sus devanados:

$$P_{je} = 3 \cdot I'^2_r \cdot R_e \tag{6.15}$$

Otra parte de la potencia absorbida se disipa en el núcleo magnético debido a la histéresis y a las corrientes de Foucault. En realidad, estas pérdidas están asociadas, tanto al núcleo magnético estatórico, como al rotórico, aunque es cierto que las rotóricas son reducidas debido a la baja frecuencia ($\sim sf$) de las corrientes que circulan por dicho devanado. En consecuencia, se puede considerar sin cometer un error apreciable que las pérdidas en el núcleo magnético se refieren al núcleo estatórico:

$$P_H = 3 \cdot R_H \cdot I^2_H \tag{6.16}$$

De esta forma, la potencia transmitida al rotor a través del entrehierro (potencia en el entrehierro) es:

$$P_{tr} = P_{abs} - P_{je} - P_H \qquad (6.17)$$

A su vez, parte de la potencia transmitida al rotor se transforma en calor por efecto Joule en los devanados rotóricos:

$$P_{jr} = 3 \cdot I_r'^2 \cdot R_r' \qquad (6.18)$$

Finalmente, la potencia que llega al eje de la máquina, denominada también potencia mecánica interna, es:

$$P_r = P_{tr} - P_{jr} \qquad (6.19)$$

la cual se puede expresar como la potencia eléctrica que disipa la resistencia de carga:

$$P_r = 3 \cdot I_r'^2 \cdot R_c' = 3 \cdot I_r'^2 \cdot R_r' \cdot \left(\frac{1-s}{s}\right) \qquad (6.20)$$

La potencia mecánica interna se invierte en vencer rozamientos internos de la máquina (cojinetes, ventilación, etc.), y en mover una carga mecánica externa, representadas respectivamente por una pérdida de potencia mecánica (P_m) y una potencia mecánica útil (P_u):

$$P_u = P_r - P_m \qquad (6.21)$$

El rendimiento puede hallarse como cociente entre la potencia útil y la absorbida:

$$\eta = \frac{P_u}{P_{abs}} = \frac{P_u}{P_{je} + P_H + P_{jr} + P_m + P_u} \qquad (6.22)$$

6.3. DESCRIPCIÓN DEL MOTOR EMPLEADO

El motor de inducción utilizado en la práctica (figura 6.12) es de rotor en jaula de ardilla, totalmente cerrado y con ventilación forzada.

Figura 6.12: Máquina asíncrona.

Así mismo, en las figuras 6.13 y 6.14 se muestra, respectivamente, la placa de características y la caja de bornes del motor.

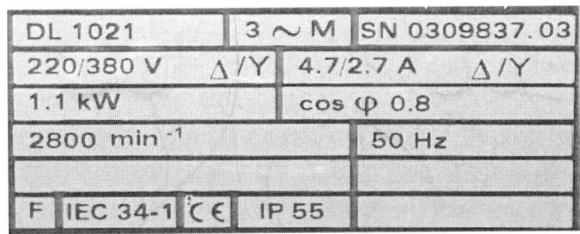

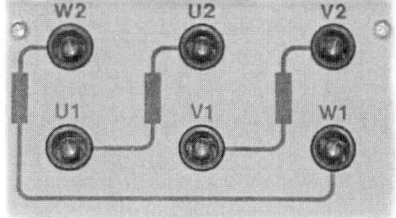

Figura 6.13: Placa de características de la máquina asíncrona.

Figura 6.14: Caja de bornes de la máquina asíncrona.

De la placa de características de la máquina 6.13 se puede sacar toda la información necesaria para su correcto funcionamiento. De esta forma, se pueden hacer las siguientes observaciones:

- La máquina esta preparada para funcionar sobre una red de alimentación de 50 Hz.

- La potencia mecánica útil que puede suministrar la máquina es de 1,1 kW.

- El factor de potencia del motor funcionando a plena carga es de 0,8 (inductivo).

- La velocidad rotórica a plena carga es de 2 800 r.p.m. Con este dato y sabiendo que la frecuencia de alimentación de la máquina es de 50 Hz, se obtiene el número de pares de polos del motor. En este caso, tiene 1 par de polos.

- Por último, en la placa de características se puede observar que aparecen las siguientes indicaciones:

$$220/380\,\mathrm{V}\,(\Delta/Y) \;\; ; \;\; 4{,}7/2{,}7\,\mathrm{A}\,(\Delta/Y) \tag{6.23}$$

Esto significa que la máquina se puede alimentar de una red trifásica de 380 V o de una red trifásica de 220 V.

Si la máquina se alimenta de una red de 380 V, entonces el estátor habrá que conectarlo en estrella, tal y como indica la placa, absorbiendo en este caso una intensidad (de línea) de 2,7 A.

Si la máquina se alimenta de una red de 220 V, entonces el estátor habrá que conectarlo en triángulo, tal y como indica la placa, absorbiendo en este caso una intensidad (de línea) de 4,7 A.

En este caso, la máquina se podría haber conectado en estrella aunque no estaría trabajando con sus características nominales, es decir no podría suministrar su potencia nominal.

Para conectar el motor en triángulo o en estrella es necesario efectuar las conexiones que aparecen representadas en la figuras 6.15 y 6.16 respectivamente.

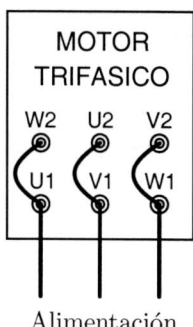

Figura 6.15: Conexión del motor en **triángulo**.

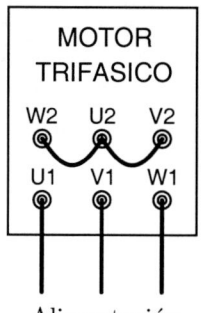

Figura 6.16: Conexión del motor en **estrella**.

6.4. ACTIVIDAD 1: MEDIDA DE LA RESISTENCIA DEL ESTÁTOR

En esta actividad se muestra como se realiza la medida de la resistencia del devanado estatórico de un motor de inducción.

6.4.1 EQUIPOS NECESARIOS

1. Fuente de tensión variable de corriente continua.

2. Motor de inducción.

3. Equipos de medida: amperímetro y voltímetro.

4. Cables de conexionado.

6.4.2 REALIZACIÓN

1. Realizar el montaje mostrado en la figura 6.17.

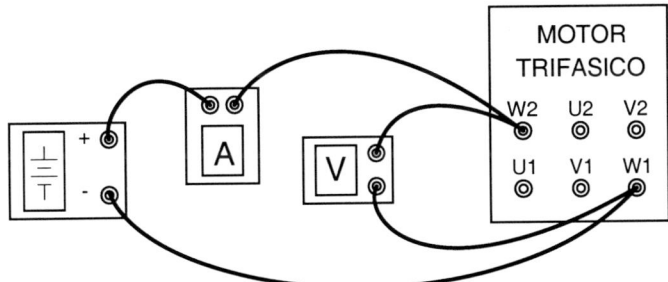

Figura 6.17: Actividad 1. Medida de la resistencia del estátor.

2. Partiendo de un valor nulo, aumentar progresivamente el valor de la tensión de corriente continua hasta que la intensidad absorbida sea de 1,5 A.

3. Anotar en la tabla 6.1 las lecturas del voltímetro y del amperímetro.

U (V)	I (A)

Tabla 6.1: Actividad 1. Medida la resistencia estatórica. Lecturas obtenidas.

6.4.3 CUESTIONES

1. Hallar la resistencia de las bobinas del estátor R_e y anotar su valor en la tabla 6.2.

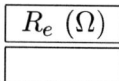

R_e (Ω)

Tabla **6.2:** Actividad 1. Medida la resistencia estatórica. Resultado obtenido.

6.5. ACTIVIDAD 2: ENSAYO CON ROTOR BLOQUEADO

El objetivo de esta actividad es realizar el ensayo de un motor de inducción con rotor bloqueado y obtener, a partir de las medidas realizadas, los parámetros correspondientes.

6.5.1 EQUIPOS NECESARIOS

1. Fuente de tensión trifásica variable (380 V máxima).

2. Motor de inducción.

3. Equipos de medida: voltímetro, amperímetro y 2 vatímetros.

4. Freno para el eje del motor.

5. Cables de conexionado.

6.5.2 REALIZACIÓN

1. Realizar el montaje de la figura 6.18, conectando en estrella las bobinas estatóricas, **bloqueando el eje**. Su esquema de conexionado se muestra en la figura 6.19.

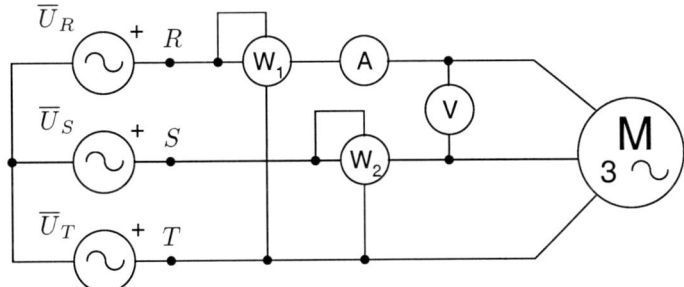

Figura 6.18: Montaje de la actividad 2. Ensayos con rotor girando bloqueado.

2. Partiendo de un valor nulo, aumentar progresivamente el valor de la tensión de alimentación hasta que la intensidad absorbida coincida con la nominal del motor.

3. Anotar en la tabla 6.3 las lecturas del voltímetro, amperímetro, tacómetro y la de los dos vatímetros.

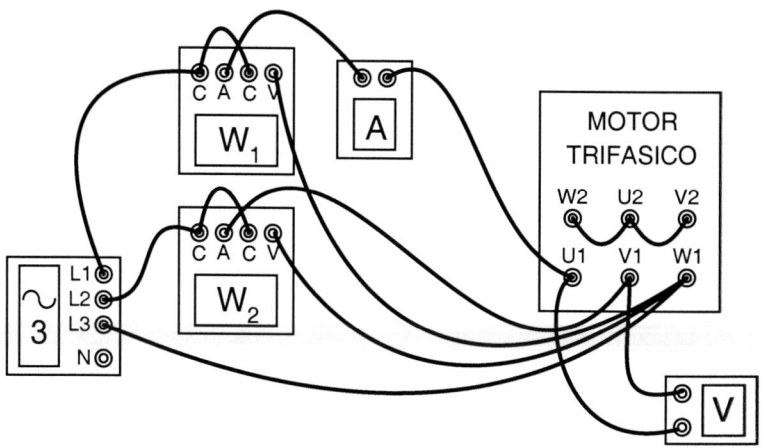

Figura 6.19: Actividad 2. Esquema de conexionado para el ensayo con rotor bloqueado.

U_{cc} (V)	I_{cc} (A)	W_1 (W)	W_2 (W)

Tabla 6.3: Actividad 2. Ensayo con rotor bloqueado. Lecturas obtenidas.

6.5.3 Cuestiones

1. Calcular las pérdidas por efecto Joule en el devanado estatórico y rotórico.

2. Calcular el valor de R_{oe} y X_{oe}. Anotar los resultados en la tabla 6.4.

$P_{je} + P_{jr}$ (W)	R_{oe} (Ω)	X_{oe} (Ω)	η (%)

Tabla 6.4: Actividad 2. Ensayo con rotor bloqueado. Resultados obtenidos.

3. Teniendo en cuenta todas las pérdidas obtenidas en los ensayos, calcular el rendimiento del motor a plena carga.

4. ¿Es el rendimiento del motor mayor o menor que el de un transformador? ¿Por qué?

6.6. ACTIVIDAD 3: ENSAYO CON ROTOR GIRANDO EN VACÍO

El objetivo de esta actividad es realizar el ensayo de un motor de inducción con rotor girando en vacío y obtener, a partir de las medidas realizadas, los parámetros correspondientes.

6.6.1 EQUIPOS NECESARIOS

1. Fuente de tensión trifásica variable (380 V máxima).

2. Motor de inducción.

3. Equipos de medida: voltímetro, amperímetro, tacómetro y 2 vatímetros.

4. Cables de conexionado.

6.6.2 REALIZACIÓN

1. Realizar el mismo montaje que para el ensayo con rotor bloqueado (figura 6.18), **dejando libre su eje** y alimentándolo con 380 V de línea[2].

2. Anotar en la tabla 6.5 las lecturas del voltímetro, amperímetro, tacómetro y la de los dos vatímetros.

U (V)	I (A)	W_1 (W)	W_2 (W)	n (r.p.m.)

Tabla 6.5: Actividad 3. Ensayos con rotor girando en vacío. Lecturas obtenidas.

6.6.3 CUESTIONES

1. Calcular el deslizamiento y la potencia consumida por el motor. Anotar los resultados en la tabla 6.6.

2. Hallar las pérdidas mecánicas y las pérdidas en el hierro. Anotar los resultados en la tabla 6.7.

---

[2]Este tipo de carga posee una corriente de arranque muy superior a la corriente nominal (3 o 5 veces superior). Esto puede provocar que, en el momento de la conexión, la intensidad que absorba no sea soportada por los aparatos de medida y provoque daños irreparables. Para evitar esto se puede optar bien por conectar en cortocircuito las bobinas amperimétricas de los vatímetros hasta que el motor haya finalizado su arranque, o bien por efectuar un arranque aumentando progresivamente la tensión de alimentación al motor mediante el correspondiente reóstato.

s (%)	P (W)

Tabla 6.6: Actividad 3. Ensayo con rotor girando en vacío. Resultados obtenidos.

3. Calcular los parámetros de la rama de magnetización, R_H y X_m. Anotar los resultados en la tabla 6.7.

P_m (W)	P_H (W)	R_H (Ω)	X_m (Ω)

Tabla 6.7: Actividad 3. Ensayo con rotor girando en vacío. Resultados obtenidos.

4. ¿Porqué en el ensayo de vacío el deslizamiento tiene un valor reducido?

6.7. Cálculos y Observaciones

Bibliografía

[1] Cogdell, J.R. (2000) *Fundamentos de circuitos eléctricos*. Prentice Hall.

[2] Chapman, S.J. (2005). *Electric machinery fundamentals*. McGraw-Hill.

[3] De la Villa, A., Maza, J.M., Cruz, P. (2004). *Instalaciones y máquinas eléctricas*. Editorial CEP.

[4] Fraile Mora, J. (1993) *Electromagnetismo y circuitos eléctricos*. Madrid, Servicio de Publicaciones del Colegio de Ingenieros de Caminos, Canales y Puertos.

[5] Fraile Mora, J. (2003) *Máquinas eléctricas*. McGraw-Hill.

[6] Gómez Alós, M., Bachiller Soler, A. y Ortega Gómez, G. (2008) *Problemas resueltos de máquinas eléctricas*. Cengage Learning Paraninfo.

[7] Gómez Expósito A., Martínez Ramos J.L., Rosendo Macías J.A., Romero Ramos E. y Riquelme Santos J. (2007) *Fundamentos de teoría de circuitos*. Thomson-Paraninfo.

[8] Hayt, W.H. y Kemmerly, J.E. (1988). *Análisis de Circuitos en la Ingeniería*. McGraw-Hill.

[9] Moreno Alfonso, N., Bachiller Soler, A. y Bravo Rodríguez, J.C. (2003) *Problemas resueltos de tecnología eléctrica*. Thomson-Paraninfo.

[10] Nilsson, J.W., Riedel, S.A. (2001). *Circuitos eléctricos*. Prentice Hall.

[11] Parra, V., et al. (1976) *Teoría de Circuitos*. Madrid, Universidad Nacional de Educación a Distancia.

[12] Sanz Feito, J. (2002) *Máquinas eléctricas*. Prentice Hall.